ステーキに恋して

沖縄のウシと牛肉の文化誌

平川宗隆 著

ボーダーインク

はじめに

子供から大人まで、男女を問わず大方の人たちが牛肉を好んで食べている。その料理のバリエーションは枚挙にいとまがない。牛汁、牛そば、牛丼、牛肉カレー、牛肉シチュー、スキヤキ、しゃぶしゃぶ、ステーキ、焼肉、バーベキュー、ローストビーフなどなど。

このブームを反映するかのように、那覇市内や中南部ではステーキや焼肉店の看板やノボリが目につく。近年は石垣牛や本部牛などの銘柄牛のノボリも多くみられるようになってきた。

このように「食べ物としての牛肉」は多くの人に好まれ知識も豊富であるが、こと生きた牛のことについてはほとんどの人が知らないのではないだろうか。

そこで、この小著では大きく分けて、一つは畜産としての位置付けで「牛」について言及し、他の一つは食文化の面から「牛肉」をとらえることにした。

ただし「牛」については、ここでは肉用牛に限定し、乳用牛や闘牛については別の機会に譲りたい。

周知のとおり、沖縄と本土とは気候風土や風俗習慣が異なる。さらに牛の餌となる植生や農業副産物が異なることから、牛の飼い方や改良などについても本土とは異なるはずである。また、沖縄の食文化は歴史に翻弄されたその姿を反映するかのように、東南アジア、中国、日本、アメリカなどの影響が色濃く残っている。が、ここでは第二次大戦後、駐留軍により沖縄の食文化に多大な影響を与えたビーフステーキについて述べることとする。小著のタイトルを『ステーキに恋して』とした理由はそこにある。

さて、筆者の東京での学生時代（１９６４年～１９６９年）、ステーキはビフテキと呼ばれ、その価格は目の玉が飛び出るほど高く、学生の分際ではとても口にすることはできない憧れの食べ物であった。だが、沖縄に帰省するとステーキが１ドルで食べられる時世であり、それが大きな楽しみでもあった。

沖縄は本土復帰前はもちろんのこと復帰後も、良きにつけ悪しきにつけ基地や米国人との付き合いを余儀なくされてきた。ポークランチョンミート、ステーキ、バーベキューなどは沖縄の食文化に深く根を下ろしている。伝統的な沖縄料理であるゴーヤーチャンプルーや沖縄風味噌汁の具にもポークランチョンミートが入り込んでいる。ビーチパーティーには欠かせないバーベキューの牛肉は、主役として欠かすことのできないアイテムである。また、年々増加の一途をたどる観光客は滞在中、一度は専門店で名物ステーキを食べるようであり、専門店にバスを横付けする光景も見られる。

このように、今やステーキは沖縄独特の食文化として多くの県民や観光客にも受け入れられ、今後も伸び続けていくものと思われる。

小著から、牛肉とその元になる牛のことをご理解いただければ望外の喜びである。

2015（平成27）年3月吉日

平川宗隆

ステーキに恋して／目次

第一章　沖縄の牛を知る

一、来歴

1、我が国への牛の渡来

我が国への牛の伝来経路について、津田恒之（２００１）は次のように述べている。通常、三つのルートが考えられている。第1の経路として、ヨーロッパ、中国北部、朝鮮半島を経由するもの。第2に、インド、東南アジア、台湾などを経由するもの、第3にシベリアなど北方を経由するもの、である。最近の遺伝子解析の手法により、日本の在来牛の遺伝子の構成を世界各地のものと比較すると、インド系牛種より欧州系牛種にはるかに近縁であることがわかった。このことから西ヨーロッパから東北アジアにかけ、ユーラシア大陸中北部を東西に伸びる原牛系の牛の飼育地帯から朝鮮半島を経て、我が国に渡来したと考えることができる。インド系コブウシの寄与はわずかである。

2、沖縄への牛の来歴

グスク時代はおおむね12世紀から15世紀の間を占めるものと考えられている。この時代の遺跡は主として琉球石灰岩の独立小丘、舌状丘突端、段丘緑微高地などに形成され、その多くは「○○グスク」という名称をもっている。

牛の骨が少量ではあるが、ほとんどのグスク遺跡の発掘の際に見られる。この時代には牛が導入され、グスク集団で飼養されていたとみてよい。沖縄における牧畜はグスク時代に始まるといわれているが、伊江島阿良貝塚の弥生時代(中期以降)相当期の層から牛の骨が検出された例がある。だが、多くの発掘例をもつ沖縄貝塚後期遺跡の中では極めて断片的で、1カ所のみの出土であり、このことをもって牧畜の開始とはみなし難い。今のところ農業と牧畜が本格化するのはグスク時代であるということは不動であろう。

牛は明らかに外部からの移入であるが、その目的(用途)についてはいくつか考えられる。遺跡から出土する牛骨は一つの部位が完全に揃っている例は少なく、その多くは裁断もしくは破砕されている。金属器(斧、ナタの如き)によってできた刃物痕をもつ牛骨がしばしば見られる。このことは牛が食用に供されたことを示すものと解されている。牛骨を素材として骨製品を作った例がほとんど無いこともあわせて、やはりこれらの刃物痕は調理にともなうものであろう。

一方、農業の定着という面をみるとき、役用としての牛の役割が考えられる。とくにそのことを示す資料（例えばスキなどの存在）はいまだ確認されていないが、足耕の可能性を説く意見もある。グスク時代の遺跡は内陸部にも多く分布しているが、これまで狩猟、採取の場であった地域を農業生産の場へと転換させえたことが、内陸部への進出をもたらしたものと思われる。そしてそれを可能にしたのは鉄器の普及と牛などの役畜が主要な支えとなっていたからではなかろうか。

また、グスク時代後半以降に相当する時期の琉球から中国への貢物の中に「牛皮」が含まれている。いかなるものかよくわからないが、文字通り牛皮だとすれば、使役や食用のほかに皮革原料としても利用されたのであろうか（安里嗣淳　1985　参照）。

一方、前出の論文の基になった、『伊江島貝塚発掘調査報告書』によると、牛の骨が未撹乱層から出土されたことに注目している。現在の牛よりもかなり小型である。グスク時代以前の貝塚・遺跡から出土例のない牛の骨が本貝塚の最下層から出土したことは重大な意味をもつが、当面は類例の増加を待ちたいとしている。この貝塚は発掘調査の出土品等の比較では、沖縄貝塚時代後期前半のある時期（九州の弥生時代のある時期に相当）に属し、その頃の生活と社会の様相および古環境の一端をうかがわせる資料が豊富に出土している。また、九州弥生文化との交流を示す弥生式土器の出土も確認され、この時代の研究をさらに一歩前進させる足がかりとなっている（沖縄県教育委員会　1983　参照）。

また、森（2004）は、『海から知る考古学入門』の中で前出の阿良遺跡の牛の骨について、弥生時代の牛の骨は、長崎県五島の福江島にある大浜遺跡での発掘例はある。しかし阿良遺跡の出土状況のほうが、大浜遺跡の例以上に確かなものである、と記している。

さらに氏は続けてこう述べている。

『魏志倭人伝』に、倭地には「牛、馬、虎、豹、羊、鵲なし」の一文がある。この一文によって、〝三世紀の日本列島には牛馬がいなかった〟と論じる人がいる。これは日本列島全域について見聞が及んだのではなく、帯方郡の郡使の旅した西九州の見聞が反映しているに過ぎない。むしろ阿良遺跡で確かめられた牛の出土の事実のほうが、古代人からの依るべき情報であろう。

この件に関して、一般に物でも家畜でも先ず九州や本州に入ってから、徐々に周辺の土地や島々に広がるものだとする考え方がある。この考え方は小さい島々の活力を消し去る恐れがある。これこそ排除すべき「島国根性」であろう。牛や馬についても、地域単位で考える必要があるだろう。

しかし牛が沖縄に、いつ頃、どこから、どのような経路で来歴したのか、確かなことはわかっていない。が、かつて琉球と交流のあった、中国、朝鮮、台湾及び九州などで飼育されている牛の体型や毛色などと沖縄の牛のそれを比較検討すると、九州地方で飼育されている牛により近いと推測されている（琉球政府経済局畜産課　１９６４）。

また、『琉球国由来記』（１７１３）には、10世紀頃、既に牛の使役が行われていたことが記されている。沖縄の牛の元祖は、現在の牛に比べるとやや小柄で、体毛は黒1色であったといわれている。中国や朝鮮系の牛が黄褐色であることから、沖縄の牛の祖先は九州や日本本土系と見るのが妥当とされている。

牛による水田の耕運（1955 年・安慶田）
写真提供：沖縄市総務課市史編集担当

一方、宮古島や石垣島に目を転じると、宮古でも14世紀頃から「赤牛」が飼われていた。当時の南西諸島では朝鮮人との交流があり、宮古で飼われていた牛の一部は朝鮮系の牛（朝鮮赤牛）で、褐色であったと考えられている（長浜幸男　１９７８）。

また１４７７年、朝鮮済州島から与那国島に漂着した金斐衣らが記した『李朝実録』には、その頃すでに与那国島、西表島、波照間島、黒島など、県内各地で牛が飼育されていたことが確認されている。飼養の目的は与那国島以外では食用にしており、農耕などの使役用として活用されていた。時あたかも鉄製農機具の発達と相まって牛の重要性が増してきた時期で、鉄製農機具を用いた牛の使役は。農耕作業の大改革といえるものであった。また牛糞は、肥料として畑地に還元されていたが、牛の使用頭数は少なく、その量は限られており、肥料効果が農業生産を左右したとは考えにくい。

二、琉球王国時代の牛

1、15世紀以降の肉食の実態

前述の通り、文献上、家畜の存在を証明できるのは15世紀以降である。12世紀以降に飼育され始めたと思われる牛も、15世紀ごろ先島全域で飼育され、食用にされていた。本島では牛、馬の肉を市場で売っていたとある。ただし、与那国だけは牛を食べないとある。その理由について伊波は「稲の初伝来地は与那国ではないか」との推測の基に、同島では牛は稲作に関連した動物で、神聖視されたからであろうとしている（「15世紀末の南島」『伊波普猷全集第五巻』伊波普猷）。これに対し金城は、それ以外に〈村祭〉（ドゥナンマチリともいう）との関連があるのではないかと考えている（金城須美子1982）。10月〜11月にかけて25日間の日程で行われる〈村祭〉の期間中は、島内での四つ足獣の屠殺は禁じられ、土中に埋めなければならず、また、祭事に直接関わる司（ツカサ）、その他の人々は祭りの3カ月前から四つ足獣の肉を断ち、精進する風習がある。この〈村祭〉のほか、2月、8月の〈牛の願〉の祭祀にも肉食禁忌がある。こうした祭事が15世紀から存在しており、漂流者たちは、たまたまこの祭りに遭遇したのではなかろうか。この肉食禁忌と〈村祭〉との関連性について、安渓も「この二つの事実を安易に結びつけることは慎まなければならないが、牛を祭祀用の存在とし、食用にすることを禁忌とするような傾向が、禁忌の度合いを弱めながらも5世紀の歳月を超えて与那国島に連綿と存在してきたと想像することは不可能ではあるまい」と指摘している（安渓遊地 1984）。

いずれにしても当時の与那国の牛肉食タブーは、限定された、ある一定期間のものであって、むしろ牛が生活基盤をなすほど重要な労役獣であり、食料ともなっていたからこそ〈牛の願〉〈村祭〉の祭事を行っていたのではあるまいか。

17世紀まで、先島、沖縄本島ともに牛、馬、山羊といった草食性の家畜を主要な食肉にしていたと思われる。16世紀前半、中国への貢物に牛皮が用いられていたことは冊封使録にも記されている。その肉は当然食用になったと思われる。

また、冊封使一行へ支給した獣肉は羊や豚肉もあるが、主は牛肉であった。首里王府は、度々牛の屠殺禁止令を出していた。当時の施策を示した『羽地仕置』（1667）や『法式』（1696）には、婚礼などの儀式のとき肴は豚肉にせよ、牛の屠殺を禁止する旨のことが記されている。このように牛の屠殺禁止令が出されたことは、とりもなおさず牛の屠殺が盛んであったことを意味する。当時の一般庶民は、冠婚葬祭ごとに牛を屠殺してはご馳走を作っていた様子がうかがえ、牛肉を最上位に格付けしていたことがしのばれる。冊封使の接待に牛1頭を贈っているのもうなずける。

また、汪楫の『使琉球雑録』（1862）には、中山では馬が多く飼われ、畑の耕運には馬を用いているとある。馬は察度王の頃から中国への貢物でもあった。後の徐葆光、周煌の使録にも、久米島、渡名喜、宮古、八重山に牛馬は多いと記しており、18世紀半ばも草食性の家畜が主体であったことを裏付けている。したがって食肉形態も牛肉や山羊肉傾向であったと思われる。が、庶民がふんだんに肉食をしていたわけではない。当時の食生活の一端を歴代の冊封使たちが残した使録には以下のように記されている。

牛、羊（山羊）、猪（豚）、鶏はいるが、痩せこけて用に堪えない。庶民の日常の食事は飯1～2椀で魚や肉はほとんど用いない。また、蕭崇業や夏子陽の使録にも家畜は痩せていて値段が安く、売りに出す者もいないなど庶民生活の貧しさを記している。行事となれば牛を屠って食べていたとしても日常の食生活に獣肉食が定着していたわけではない。

（注：中国、台湾では羊の中に羊と山羊が含まれており、猪は豚のことで、日本でいう猪は野猪で表す・筆者）。

さて、冊封使を招いて供応する国王主催の宴席料理を御冠船料理というが、その献立は中国の宴席料理にならったものだけに、豚肉を使った料理も多い。民間に伝わる規模帳や膳符日記にある行事食の献立も豚肉料理中心であって、牛肉料理はほとんど見られなくなった。庶民の豚肉依存度がこの頃から大きくなったようである。

王府の政策的な意図の下に始まった養豚も18世紀半ばにして軌道に乗り、明治期に入って豚生産量も全国一を誇るまでになった。こうした豚肉偏重の肉食文化が形成されるにつれ、牛肉は特別の祭祀用になり、馬や山羊は薬餌としての役割を持つようになった（金城須美子　１９８２）。

2、牛への課税

15世紀頃、家畜を飼い、その使役を利用できるものは地域の領主であり、その身内の臣下であった。家畜を持つことが、自分の領地の農業生産向上につながり、ひいては領土の保全・安全にも寄与することから、牛の増産は大いに奨励されたと思われる。が、実際に農耕に従事する農民の何割が牛馬を所有することが可能だったのであろうか。牛馬の購入費は言うに及ばず、これらの家畜は課税対象になっていたので、農民が牛馬を所有することは困難だったと考えられている。

宮古・八重山を含めた琉球各地の検地がすべて終了したのは１６１１（慶長16）年である。このときの検地帳には、各地の村位、反別総高、樹木、牛馬などの家畜に至るまで記載されている。これによると琉球の総高は籾高で８万９０８６石（米高換算で約半分の４万４５４３石）に上っている。これらの上納税は、芭蕉布や上布、牛革などで納付されることになっていたが、１６１３（慶長18）年からすべて銀納に改められ、その額も銀32貫となった。その後多少の変遷はあったが、１６３５（寛永12）年に薩摩は、実収入が幕府から与えられた御朱印高に足りないことを理由に領内の税率の改定を図り、琉球に対しては新たに牛馬税などを課して、これを本高に計上した。このときの牛馬銀代米として、１５６石８斗５升５合７勺７才が計上され、その内訳は牛馬銀代米が１１５石４斗６升２合７勺６才、運賃が41石３斗９升２合８勺１才となっている。本税の35％が運賃となり、これも納税者の負担となっている。その上、運搬中の欠損を補う欠米、船頭取得分の運賃米が付加され、納税高はさらに増加していった。

当時の王府は、農民や領土は自らの所有物であり、領土内に住む農民の所有する牛馬に課税することは当然と考えていた。農民が税を滞納すると最後の手段として、家畜は最良の差し押さえの対象であったようだ（饒平名浩太郎　1970）。

3、牛の屠殺制限

このように牛馬は農民にとって農産物の生産向上に欠かすことの出来ない大切な財産であり、また王府にとっても課税対象として重要な家畜であったため、その増殖促進対策の一環として、屠殺制限が行われるようになった。

尚敬王の代（1720年～1751年）までは家畜の屠殺制限がなかったので、農民は必要に応じて屠殺していた。多産で妊娠期間が短い豚の再生産は可能であるが、1年1産の牛馬の屠殺を放置すればば、その減少は免れない。そこで尚王は1759年に牛馬屠殺を次のように制限している。

一、牛は老齢で使役に耐えざるもの、悪癖のあるもの以外は屠殺を禁止する。

二、七〇歳以上の老衰人又は病人の滋養食として必要な場合は調査の上、これを認める。

三、馬は、馬耕の保護と肥料採取目的のため屠殺を厳禁する。

同時に、牛馬の飼料採取や薪炭材確保のため、むやみな原野の開墾を禁止し、農民は野良仕事の帰りには、牛馬のため草を持ち帰るよう指導している（饒平名浩太郎　１９７０）。

以上のことから、当時、牛馬がいかに大切な家畜であり、財産であったか推察できる。

コーヒーブレイク　1杯目

和牛の原種は口之島《くちのしま》牛と見島《みしま》牛

大陸から朝鮮半島、さらに済州島を経由して日本に渡来した牛は、西日本を出発点として日本各地へ拡散していったと考えられている。このように全国各地へ広がっていった日本の牛は、明治以降、ヨーロッパからの品種が盛んに輸入されさまざまな改良が行われてきた。しかしながら、交通が不便な離島では改良が行き届かず、結果として原種が残った島が二つある。

口之島牛の去勢雄（沖縄こどもの国、筆者撮影）

その一つが、鹿児島県トカラ列島の口之島である。島の周囲が13キロメートルという小さな島である。この島の牛は元々家畜として飼われていた牛が、野生化したという珍しいケースである。

平安時代の牛車をひく牛
（『日本の絵巻　平治物語絵詞』：馬の博物館提供）

口之島牛は小柄で、前躯は発達しているが、後躯は締まり、腰骨幅が狭いという体格である。それはまさに、荷物を運ぶ駄載用、田畑を耕す農耕用に適した体格で、平安時代の絵巻物に登場する牛を彷彿とさせる。和牛の原種として天然記念物に指定された牛もいる。

他の一つは、山口県萩市沖、北北西約45キロメートルの海上に浮かぶ見島。面積は7・8平方キロメートル、島の周囲24・3キロメートル、人口は約1300人の小さな島で、萩から高速船で70分のところにある。

室町時代の古文書に最初の見島牛の飼育記録があるというから、その歴史は古い。日本在来牛としての学術上の価値が認められ、昭和3年に国の天然記念物の指定を受けている。見島は漁業と並び農業も盛んである。見島牛は古くから農耕用に飼育されてきた牛である。

ところが、昭和30年代から機械化が進み、農耕牛は不要になり、昭和50年には30頭にまで減少した。体高は雄で1・2メートル、雌で1・17メートルと小柄で前躯が大きく、後躯が小さい「前勝ち」といわれる体型が特徴である。これも農耕用に使われてきた特徴を示している。

黒毛和種が150キログラムになるには5～6カ月を要するが、晩熟といわれる見島牛は10カ月もかかる。和牛は2歳頃から出産し、生涯に6産～10産ほど出産するが、見島牛は3歳から12～13歳まで4頭ほどしか出産しない。

生まれた子牛のうち雌はそのまま島に残り、天然記念物として飼育され、次の世代を生む役目を負わされるが、雄牛のうち、数頭は繁殖用として島に残るが、あとは萩市に渡り去勢され、肥育されて見島牛として高級レストランで提供される。年間10頭ほどしか食肉用として出荷されないので、まさに幻の見島牛である。一度味わってみたいものである。

コーヒーブレイク　2杯目

見てきた見島牛 食べてきた見蘭牛

平成26年4月12日、曇り空で雨が心配だったが、山口県萩市から午前9時5分発の高速船「おにようず号」で見島に向かった。70分ほどすると間もなく見島に着く。今でこそ高速船で70分だが、かつては大海の孤島という表現がピッタリの島。そのおかげで和牛の原形といわれている見島牛が外国種の影響を受けることなく、現在、その姿を私たちに見せているわけだ。

何のってもなく、ぶらりとやってきたので島に着いて、どう動けばいいのか、しばし迷ったが、通りがかったおばあちゃんに見島牛が見られる場所を尋ねた。答えは「案内板にしたがって丘を登っていくと見られる」とのこと。

見島は坂道が多く歩くのは大変だが、荷物は全て萩に置いてきたのでかなり楽である。しばらく行くと田植えの準備をしている、農家の方が3名いたので、見島牛の居場所を訊いた。すると60代と思しき男性が、「せっかく上まで行って牛が見られなかったら気の毒だ」といって、オートバイでサッと出かけていった。

おぬしは何者？という表情

5分も経たないうちに戻ってきて、「今、牛が出ている。ここから7～8分のところだ」との朗報を持ってきてくれた。どこから来たのかと訊くので、沖縄からと答えるととても珍しがった。そこへ通りかかった軽自動車のおばあちゃんが車を停めて話に加わった。で、行くついでだから乗りなさいという。田舎の人は素朴で親切だ。

　放牧場に着くと、牛が待っていてくれた。二つのエリアにそれぞれ2頭ずつ放牧されており、4頭とも座してゆったりと反芻している。私が行っても動じる気配はない。人慣れしているようだ。牧柵の中に入ることは禁止されているので柵外から写真を撮っていたのだが、なかなか立ってくれない。

　が、しばらくすると「遠い沖縄からやってきたのでポーズを決めたるか」とでもいう風に、すくっと立ち上がりポーズを決めてくれた。これがその写真である。紹介されているように前勝ちで後躯がみすぼらしい。

　見島牛との感動の出会いだったが、いつまでもそこにいるわけにはいかない。間もなく牛に別れを告げた。

　帰るまでは2時間ほどあったので、港の近くの食堂「八里ヶ瀬」で昼食をとることにした。70代後半の男性が、1人カウンターで焼酎を呑んでいた。

ポーズをとってくれた見島牛

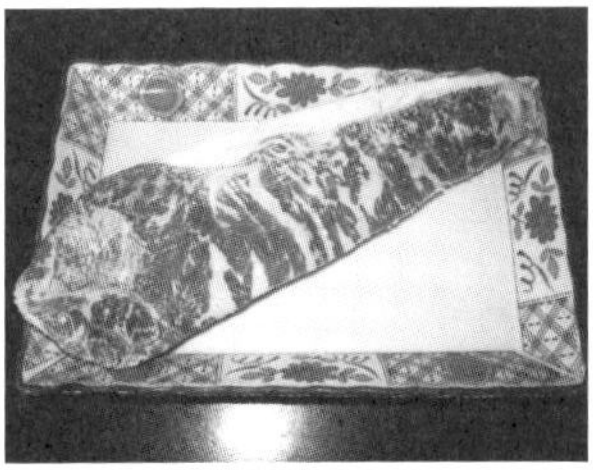
結構、霜降りが見られる見蘭牛肉

見蘭牛のステーキセット、4300円也

メニューには見蘭牛のステーキセット４３００円とある。

見蘭牛とは、ホルスタイン種の雌に見島牛の雄をかけ合わせたハイブリッドのこと。天然記念物の見島牛を食べるわけにはいかないので、それに近い牛肉というわけだ。とはいっても山口県以外では手に入らない。これを食べるためには山口県まで足を運ぶ必要がある。

４３００円はかなり高めだが食べてみないと味はわからない。見島には再び来ることはないと思ったので食べてみた。しっかりした歯ごたえと和牛らしい独特の味と香りがした。

三、明治・大正期の牛

1、牛の飼養頭数

沖縄県で畜種別の飼養頭数が本格的に調査されたのは、廃藩置県翌年の1880（明治13）年からである。

1880年（明治13年）1万6317頭　1890年（明治23年）2万5605頭
1900年（明治33年）2万4623頭　1910年（明治43年）3万3012頭
1920年（大正9年）3万7995頭

1880（明治13）年〜1920（大正9）年までの40年間の牛の飼養頭数（乳牛を含む、ただしその数は僅少である）は2倍以上に増えている。この伸び率の主な要因は、明治後半から砂糖製造が本格化し、役用として牛馬の使役が不可欠になってきたこと、また、日清および日露の両戦争によって牛

２頭の牛による製糖風景（提供：那覇市歴史博物館）

のんびりした様子がうかがえる（提供：那覇市歴史博物館）

肉や牛革の需要が伸びてきたためである。このことは牛が単に使役や堆肥生産の手段のみならず、現金収入の生産財として見直されてきた時期でもある。また、政府が軍需物資として牛肉や牛革の生産を奨励したことも大きく影響している。

2、牛の飼養形態

牛馬の飼料は放牧地域では野草が主体であったが、野草に恵まれない地域のことは、農商務省農務局が行った「野草ニ乏シキ地方ニ於ケル農用牛馬飼育ニ関スル調査」（1912年）には、宜野湾村の例が紹介されており、その概要は次の通りである。

飼料はイモのかずら、サトウキビの葉、生草は調理せずにそのまま1日3回に分けて給与している。本県の農民はイモを常食としているので、その皮などの残り物を水に混ぜ、朝夕の2回に分けて与えている。豆腐粕や食塩は常時与えることはない。製糖期にのみ廃糖蜜を水に混ぜこれも朝夕に給与している。

沖縄本島では舎飼いが主で、牧場の大部分は宮古と八重山にあった。大正5年現在の牧場数は23で、その内訳は宮古郡が3、八重山郡が20であった。これらの牧場地は字有地または村有地となっていた。

また、『沖縄県産業要覧』には、明治末期の牛の飼養形態について、概要を次のように紹介している。

石垣市・平久保牧場の放牧の様子。
1970 年 1 月。写真提供：沖縄県公文書館

黒島での干害を視察する屋良朝苗行政主席。
1971 年 6 月 30 日。写真提供：沖縄県公文書館

八重山郡の牛の飼養形態は大部分が放牧で、畜舎の設備はない。牛の放牧も住宅の近くの原野に繋いでおくだけである。宮古郡では簡素な畜舎や軒下に係留するだけである。沖縄本島では、これに反して総て舎飼いである。しかしながら畜舎は一般に狭く、舎内は暗く、空気の流通は良くない。飼料は主として雑草、イモのかずらなどを給与し、濃厚飼料は与えることは少ない。このことは沖縄県が気候温暖で、四季を通して雑草が豊富に得られるからである。そのため八重山郡を除けば他の地域は

さらに頭数を増やすことは可能である。

これらの飼養形態は現在のそれとほとんど変わらない。しかしながら、八重山郡において増殖の余地がないとみた理由は何だったのであろうか。放牧牛が痩せ衰え、あるいは過放牧でこれ以上牛を入れることが不可能と見たためであろうか、理由は明確ではないが、筆者は八重山地方の旱魃《かんばつ》がひどかった年、放牧地の牧草が食い尽くされ、ひもじさに耐え切れなくなった牛が、サイカシンという毒のあるソテツの葉まで食べるに至り、その毒のため腰がふらつき、痩せ衰えた牛を見たことがある。このような旱魃時には、誰が見てもこれ以上の放牧は無理と思うのも不思議なことではない。また、八重山郡にはピロプラズマ病やアナプラズマ病を媒介するオウシマダニという吸血ダニが生息しており（現在、撲滅された）、吸血された牛がみすぼらしく痩せ衰えていたためではないかと考えている。

3、牛の商取引

牛飼いの主目的が使役用であった王国時代に、牛の取引が頻繁に行われていたとは考えられない。だが、明治後期から大正期になると交通機関も発達し、沖縄県内はもちろんのこと、沖縄から本土への家畜輸送も自由に行われるようになり、それにともない家畜の商取引も活発になってきた。

しかしながら、牛の商取引に関しては農民が無知であるのに付け込み、バクヨウ（馬喰労）と呼ばれる家畜商が買い叩く例が見られ、これが農家の生産意欲を阻害する要因となった。そのため当時の指導者等は、家畜市場設置の重要性を説き、1916（大正5）年に那覇市場、1919（大正8）年に平良市場を開設した。が、これらの施設は、家畜商が、買い求めた家畜を一時的に繋留し、買い手を待ったり、島外出荷のための船便待ちのための繋留施設に過ぎなかった。その使用料は、那覇市場が牛で入場料が50銭、平良市場が60銭、宿泊料はともに15銭であった。

1921（大正10）年の那覇市における牛の価格が3歳以上雌牛60銭、雄牛66銭であったので、その入場料は売上価格の0・8％に当たる。宿泊料とは市場内における家畜の繋留料のことで、牛は船便の都合のつくまで繋留されていた。これらの市場における家畜の取引はセリによる方法ではなく、畜主（主として家畜商）と購買者が相対取引をする方法であった。

ちなみに、1921（大正10）年の牛の相場は、島尻郡の3歳以上5歳未満で、雌が78円、雄が70円であった。また、1923（大正12）年の輸入牛の価格は16頭で4010円、1頭平均250円という高額であった。同年、沖縄からの牛の出荷は2879頭で、その価格は34万5480円、1頭平均価格は120円であった。

明治末期の那覇における食肉の小売価格を比較すると、鶏肉が最も高く、逆に最も安かったのは牛肉であった。例えば1900（明治33）年8月18日現在の価格は1斤（600グラム）当たり、鶏肉20銭、豚肉と山羊肉が16銭、牛肉が14銭となっている。この傾向は現在のベトナムにおける牛肉価格と同様である。ベトナムでは輸入牛肉が国内産よりも高い。

その理由として国内産牛肉は農耕用や老廃牛が主で歯が立たないほど硬いからである。沖縄における明治末期から大正期にかけての牛肉の価格差も同様な理由と思われる。

4、牛の改良

1913（大正2）年に開催された農商務省主催の道府県畜産主任官及種畜場長協議会における要録中「本県牛体貎ノ概略」に、当時の牛のことが次のように示されている。

毛色は赤褐色または黒白斑も見られるが、大部分は黒色で、雄の体高は4尺～4尺5寸、雌は3尺7寸～4尺1寸、体重は雄で80貫～150貫、雌で60貫～120貫、前躯の発育に比して後躯は見劣りがする。この傾向は本県における共通の欠点である。

しかし骨格および関節は強大で、蹄質は堅牢な特質を有している。本県の牛を類別すると、沖縄本島と八重山牛とに分けることができる。八重山牛は総ての点において貧弱である。

当時の牛のことが活写されており興味深い。

体高は雄1・21～1・36メートル、雌1・12～1・24メートル、体重は雄で300～562・5キログラム、雌で225～450キログラムと現在の牛と比べるとかなり小柄である。

また現在、全国的に高い評価を受けている石垣牛は、かつてはかなり厳しい評価を受けていたようで昔日の感がする。

さらに『沖縄県産業要覧』にも、牛の品種の項に次のように沖縄の牛の特徴が描かれている。

在来種は体質強壮で、四肢特に蹄がよく発達し、性質はおとなしく従順で、使役に適し、肉用としても質のいい種類である。中でも国頭郡産の牛は体格がよく発達し、これを山原牛と称している。

一方、宮古・八重山郡産の牛は羊頭形で、その体格は前者よりやや劣り、総じて前躯の発育はよく、三丹地方産の牛にも劣らないが、後躯は発育不十分で本県産牛に共通した欠点である。

前躯は発達しているが、後躯は貧弱であることを端的に指摘している。だが、当時の在来牛は使役が主であり、前躯が発達するのはその目的からしてやむを得ない。その老廃牛が肉用に回されるという状況であったので、肉質は先述したが大体想像はつく。さらに肉用として飼っているわけではないことを次のように詳述している。

牛の頭数は3万57頭であるが、これらは総て使役牛である。使役の目的は製糖用と農耕用である。畜主は農家で採肥を兼ねているが、繁殖または育成の目的で飼育するものはなく、農家が各自で生産し飼育している。大正2年における繁殖雌牛の頭数は４４１１頭となっている。特に肉牛として肥育するものはなく、使役後の老廃牛を屠殺して肉としている。

このような使役用の牛をどのように改良しようとしたのか、前出の会議要録には次のように記されている。

本県においては、明治39年以来「エーアシャー《引用ママ》」種を導入して、在来牛の改良に努め、品評会を開催し優秀な農家には賞を授与することなどや種雄牛取締規則を制定し、種牛の選抜を行い改良増殖に

シンメンタール種（雄）

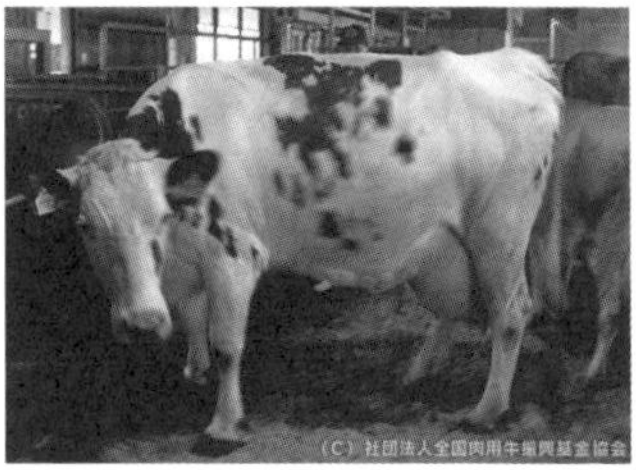

エアシャー種（雌：搾乳牛）

努めた。

県として肉用牛の改良に並々ならぬ努力をしていることがわかる。現在でも家畜改良の目的で、各地で畜産共進会が開催されており、以前と同じ風景を目にすることができる。また、明治時代から既に小型の在来牛を外国種と交配し、大型化を図ろうとしたことには敬服するが、農家はこの方針にすんなり従うことはなかったようである。

とはいえ文明開化の影響もあり、次第に乳肉の需要は高まりつつあったので、県はさらに次の手を打った。

本年（大正2年）大分種牛所から「シムメンタール《引用ママ》」種を借用することができたので、在来牛の長所を保存し、役用と肉用を兼ねた雑種を繁殖させ、乳用としては従来のように「エーアシャー」種を用い、これらの優れた素質を持った雑種増殖に努めた。

このように肉用はシンメンタール種、乳用はエアシャー種と種々の外国種を用いて改良を試みようとしている。

しかしながら1919（大正8）年の会議録には「畜牛ノ去勢奨励ヲナシタルコトナシ」と記されている。農家が雄牛の去勢を嫌がったため、県はあえてそれを奨励しなかったのであろうか。

去勢をしなければ雑種の雄が種牛代用としてさらに雑種を増やす結果となるが、農家は去勢をすると肉用には適しても使役には力を出し切れないと考えたためであろうか。

四、昭和戦前期の牛

1、牛の飼養頭数

農家が家畜を取り入れ、その使役により農作業を効率化し、堆厩肥を生産することによって作業の収量を上げることができた。さらに牛を売却することにより、まとまった現金収入を得ることができるなど、牛馬の飼養は当時の農家にとって不可欠となっていた。1937（昭和12）年のデータによれば、農家戸数に対する牛の飼養戸数の比率は、沖縄が27％であるのに対し、全国平均は25％でほぼ

牛の飼養（昭和元年～19年）

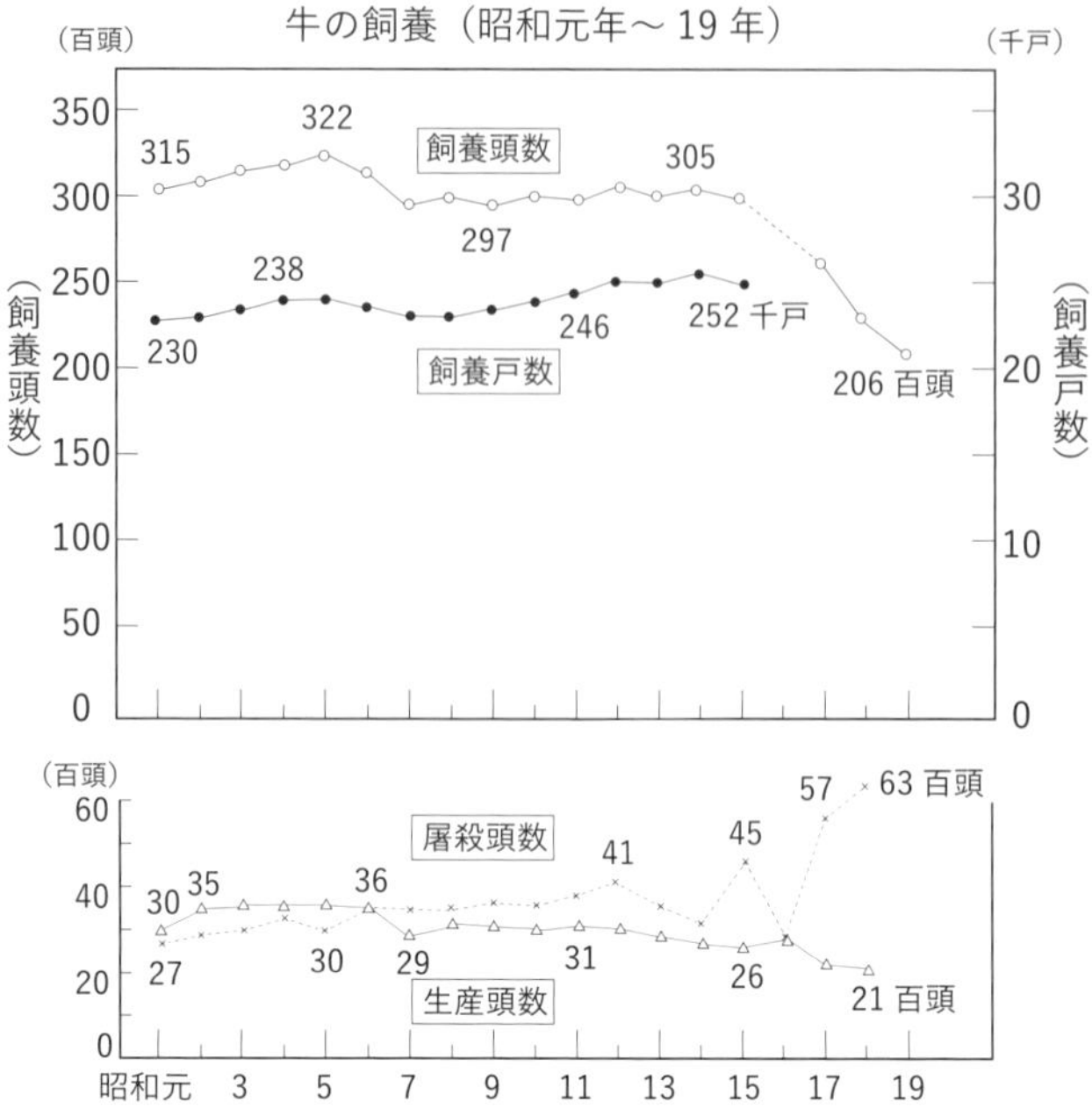

資料:『沖縄県統計書』（各年次）による。ただし、昭和16～19年は『農林省累年統計表（明治1年～昭和28年)』（昭和30年）による。

同じであるが、耕地面積は１００ヘクタールに対する牛の飼養頭数の比率は、沖縄が50頭に対し、全国平均では30頭となっており、全国平均を大きく上回っている。換言すれば有畜営農方式は、沖縄が全国平均より普及していたことになる。

上図は沖縄県の昭和戦前期における牛の飼養頭数の推移を示したものである。１９３２（昭和７）年頃から牛の屠殺頭数が生産頭数を上回るようになってくる。さらに屠殺して出荷する以外に生体出荷も見られるが、飼養頭数はほぼ横ばいの状態である。屠殺頭数の増加にともなう飼養頭数の減少分は主として奄美大島からの移入によって補充されたようである（『沖縄県農林水産行政史　第5巻』）。

2、牛の飼養形態

1933（昭和8）年に作成された「沖縄県畜牛馬匹改良増殖奨励計画書」には次のように紹介されている。その概要を述べる。

四季を通じて山野には緑草が豊富にあり、また、サトウキビが農業の基幹作目である本県は古くから牛馬の飼料は専ら野草、サトウキビの葉、イモのかずら及びサトウキビの四種のみで、あえて他の飼料を求める必要もなく、畜産地として恵まれた立地条件を有しているが、家畜に対する意識が幼稚なため、その飼養管理は非常に粗放である。

すなわち厩舎の構造は簡単粗雑で、僅かに雨露をしのぐ程度のものである。家畜の取り扱いも極めて乱暴で、個体の手入れもその労を嫌い、これを行なうものは少ない。それほど不衛生で、不自然なことは他所では見かけることはない。

当時の牛馬の飼養管理について辛辣にこき下ろした文章となっている。畜舎は不衛生で他に例を見ないような飼い方、とまで断言されており、いささか不名誉なことである。

また肥育牛についても次のように言及している。

肥育は肉牛の移出が盛んになるに従い、次第に各地に普及し、サトウキビの葉を主な飼料とし、時々、豆腐粕、味噌や醤油粕、焼酎粕などを加え、長いもので1年余、短いもので2～3カ月間、真っ暗な畜舎で肥育するが、合理的肥育法に疎いため過肥または脂肪の付着不良なるものも少なくない。

肥育牛には豆腐粕や泡盛粕などを与えていたことや暗い牛舎内に閉じ込めて肥育していたことがわかる。

一方、八重山地方のことについては、広大な牧場で通年放牧を行い、自由繁殖に委ねているが、頭数やその所有権さえ明確ではない。そのため春秋2回、集落の住民が総出で牧狩りを行い、所有権を確定する風習がある。放牧地の管理も火入れ以外は行わないので草勢は年々悪化し、ダニなどの発生も多く見られる（現在、ダニは全く生息していない）。そのため牛は痩せ、繁殖力も低下、生命を維持するに過ぎない状況であると報告している。

3、牛の改良

牛の改良については前章で述べた通り、シンメンタール種やエアシャー種との交配が行われた結果、大型で外貌のいい牛が産出され、一部の人はこれに満足した。が、県産牛の県外出荷の道が開かれると、消費地では改良和種の評判がよかったため、その種雄牛を他県から導入するようになった。このように当時は、①本県在来種②外国種（主としてシンメンタール種との交配による雑種）③改良和種―の3種の牛が飼育されていた。この中で在来種については、「沖縄県畜牛馬匹改良増殖計画書」はこう説明している。

在来種は性質温順で粗食や粗放的管理に耐え、環境の変化にも抵抗力があり、頑丈である。しかしながら、合理的な繁殖、育成、飼養管理を受けてきた種類ではなく、全く自然に放任されて今日に至っているため、晩熟で4～5歳に達しなければ繁殖に供せられず、繁殖力も非常に弱い。また、神経質で人に慣れるのが難しい。頭部は大きく鼻梁が長く、頸部は細長く背線は屈曲し、胸深は特に発育不良で、臀部は短く傾斜が著しい。

このように体躯の発育は非常に悪い。また、四肢は細長く、蹄は硬く良質であるが被毛は厚く、弾力性に乏しい。肉質は不良で成長も遅い。改良淘汰を行なわなければ、体躯はさらに矮小化し、力もなく使役に耐えられない状態である。そのため取引価格は、成牛で平均40円～50円以下である。しかも雌は雄よりも割安で、両者とも豚より安くなることも決してまれではない。

なんと評判の悪いことか、ここに挙げた逆を言えば理想的な牛になる。それにしても歯が立たない硬そうな肉である。このような硬い肉は後に述べるステーキやバーベキューには向かない。現在では各家庭に圧力鍋が準備されており、硬い肉でもシチューなどに利用できるが、当時としては肉が柔らかくなるまで時間をかけて煮込む牛汁以外に食べる術はなかったと思われる。

一方、シンメンタール種との交配によって生産された雑種は、泌乳量が多く子牛の発育も良好で、外見上は在来種の欠点を改良するのに役立ったが、残念ながら肉質が悪く、枝肉歩留まりも少ないという欠点があった。

他方、改良和種は国内で改良された役肉兼用の牛で、有畜農業に最もふさわしく、その肉質は日本国民の嗜好に合致した。そのため種々の外国牛で交雑された牛の品種を改良和種に統一しようという考え方が台頭した。前掲の「計画書」には、農業経営の改善、農家経済の発展、肉牛の県外移出、本県への牛の移入防止などの理由から、本県畜産業の将来のためには改良和種で統一したほうが最良の方針である、と述べられている。

これを受け昭和初期から沖縄県の肉牛は改良和種一本に絞られ改良が進められてきた。昭和初期の種雄牛の品種はほとんど和牛（最高時は昭和4年の43頭）であったが、わずかに1917（大正6）年から1929（昭和4）年にかけて「その他」の項が見られる。これはデボン種やシンメンタール種であったと考えられている、と久貝は述べている（『沖縄県農林水産行政史　第5巻』）。

4、牛の県外出荷と家畜商の役割

当時は宮古・八重山の両先島と国頭郡が子牛の生産を行い、これを島尻、中頭両郡で肥育した後、県内消費用として屠畜場で処理するものと、生体で阪神方面へ出荷するものとが主であった。生産地で分娩、保育、育成された子牛の大半は、家畜商（バクヨー＝馬喰労）の手を介して肥育地の農家へ引き取られた。家畜商は地域の畜産農家にとって、飼育管理技術の指導者の役割を担っており、畜産に関する情報提供者でもあった。

肥育牛を飼養している農家は、その出荷を家畜商に委ね、ついでに肥育素牛購入を依頼する。家畜商はこのような専属農家を数十戸傘下に持ち、飼育している牛の発育状態などを見回ると同時に、管理法を指導し出荷時期を指示した。家畜商は家畜の取引売買によって生計を立てており、牛の売買にともなう手数料を取るが、中には自己利益のみにとらわれ農家から不当な利益を得る悪徳家畜商もいた。そのため家畜取引を公正に行う家畜市場の設置および活用が要望されていた。

さて、県外出荷と生産頭数などに関して、1943（昭和18）年の日本政府内政部の調査報告書に興味深いことが記されている。

本県畜牛の現況は、飼育頭数が約2万3000頭で、生産頭数は約2500頭であるが、県内消費用として屠殺が約3500頭～4000頭、県外出荷および加工用肉牛が5000頭～6000頭、その他にへい死牛などを加えると9000頭～1万頭となり、生産と消費の均衡がとれてない。生産の足りない分は中国地方や九州および奄美大島などの離島から移入し、帳尻を合わせている。

しかし第二次世界大戦が拡大するにつれ、輸送船舶用燃料が不足し、海上輸送が計画通りにいかなくなった。このことは県内の肉牛生産農家にとっては大きな痛手であったが、沖縄産牛肉を軍需用として調達していた政府も苦慮した。その打開策として政府は沖縄に牛肉の加工業を興すことにし、

1942（昭和17）年5月に畜産組合連合会に受託させ、日本水産株式会社那覇冷凍工場の冷凍室を借り受けて事業を開始した。が、これでもなお不十分であったため、沖縄冷蔵食品株式会社も買収して缶詰の生産納入の円滑化を図った。さらに沖縄本島北部地方は、輸送が不便であることを理由に名護にも食肉加工用の工場を建設している。

これらの加工上に於ける生産量は、1943（昭和18）年の場合、コンビーフ樽10貫入りが7496樽、1樽12貫入りが1500樽、さらにローストビーフが1箱800グラム入り缶詰1ダース入りで5112箱と記録されている（前掲調査報告書）。

コーヒーブレイク　3杯目

屋部のウシヤキ

ここでは宜保栄次郎著「牛を焼く祭りについて」(『プーミチャーウガーミ　屋部のウシヤキ』)の概略を述べる。長くなるがお許しいただきたい。

屋部のプーミチャーウガミは大一門と久護のタックイの二つの門中によって毎年旧暦の11月8日に行われる。プーミチャーウガミには毎年行う単なる祭祀と5年毎に行うウシヤキ(牛焼き)の二つがある(中略)。牛焼きの場合は、前日までに購入した牛1頭を、大一門の本家である名護家の屋敷の南隅にあるハミヤ(神屋の意、アサギともいう)の前に牛を一晩繋いでおく。これは牛を元祖(位牌のこと)に見せるためである。

一方、先祖(墓のこと)の在る大土に夕方から門中の男達が大勢で、明日に備えてかまどをこしらえたり、鍋を準備したりあるいは墓前の清掃を済ませ、宵の頃には村に帰る。

当日(旧暦11月9日)は夜も明けやらぬ5時半頃に牛の手綱をつなぎ石から解き、ハミヤの前で牛を左回り(時計の針と反対方向)に輪を描かせて3回歩かせる。これは牛を大土に連れて行くという元祖への報告である。このとき特に祈りの詞はない。牛はトラックに乗せられて大土に連れて行く(近年まで3キロの道を歩かせた)。大土に着いた牛は広場にある2本の松に繋がれる。その間に大一門の本家の主婦とタックイの本家の石垣の主婦が先祖(墓)に牛を供える旨の御願をする。そのときに牛は元祖(墓)の前に立たされており、御願が済むと墓の前で7回左回りに廻され、松の下に連れて行かれ、槌で頭を叩かれ屠殺される。このときも特に呪文などは唱えることはない。門中の男たちは早速慣れた手つきで腑分けをする。名護家と石垣の主婦はひとまず家に帰る。

　午前10時頃に両家の主婦は供え物を持ちよって墓前で御願をする。お茶、神酒、ミパーナグミ（御花米）、餅18個、ヤチデー（焼き鯛の意。しかし普通の魚で間に合わす）２匹が供え物で各々盆の上の置く。御願の主役は名護屋の主婦である。石垣の主婦は左斜後方で同じように拝む。名護屋の主婦（カミー）は先ず２本の線香に火をつけ、香炉に立てて御願を唱える。

　御願の詞の概略は次の通りである。

　一門の子や孫たちが、協力して五年毎の牛焼きの日ですのでお祈りを捧げます。御茶湯、お供え物、銀の瓶、黄金瓶、九合の金の花米、八寸重箱一杯のお茶の子餅、焼き鯛など沢山お供えします。子や孫や分家の子孫たちおよび一門のご健康と限りないご繁栄をお願い申し上げます。最後にクバンチン（小版銭の意、紙に銭型をつけた紙銭）七千貫をお供えします。

　と唱えクバンチンを燃やしながら泡盛を注ぐ。

　以上の御願が済む頃には、すでに昼頃になり、主婦２人は家に帰る。牛を屠殺し、肉や骨を大鍋で煮た男たちは、ご飯と牛汁で昼飯を済ませ、午後の準備に取り掛かる。午後3時頃になると、門中の人たちが、ぼつぼつやってきて墓前に線香を捧げ、その牛汁をどんぶりによそって食べる。一種の共食である。４～5時頃のピーク時には１００人近い門中の人が集まり、ぶつ切りにした牛肉や骨の牛汁を共食する情景は実に壮観である。帰りに当日来れなかった家族のためにタマーシ（各自の分）を苞《つと》にして持ち帰る。

　門中では5年ごとのこの行事のためにカミー（かしら）一人と補助員一人を任命し、その運営に当たらせている。

1、牛焼きの当日の早朝、アサギ前で牛を7回引き回す

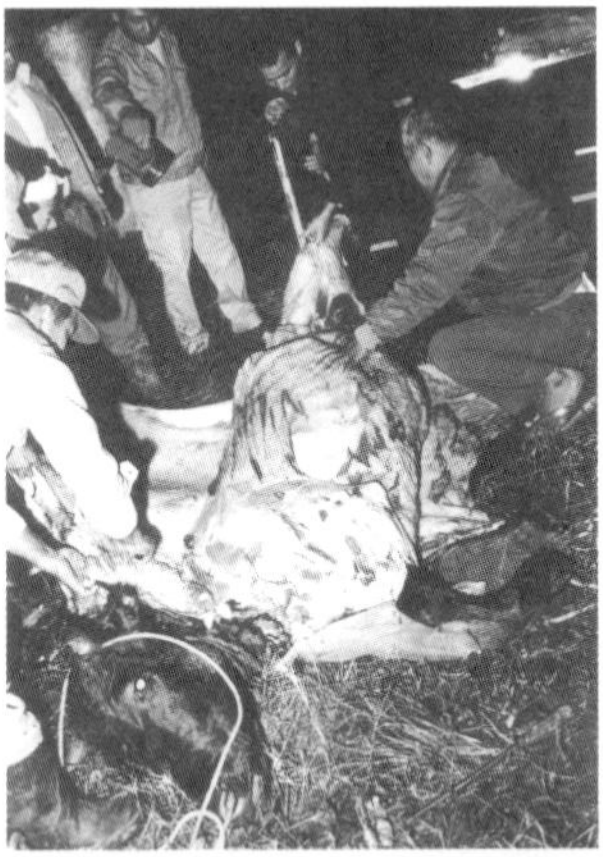

2、素早く皮を剥ぐ男たち

3、経験と技術を生かした内臓の処理作業

4、大切りされた肉の山

5、大鍋で大切りされた肉を煮る。アファー煮、いわゆる水炊きである。

6、アファー煮した肉を鍋から取り出す

7、鍋から取り出した肉を細断する男たち

8、汁の炊き込みは男たちの仕事

9、共食を楽しむ

写真はいずれも提供：名護博物館、撮影：島袋正敏

五、群島別政府期（1945年～1952年）の牛

1、戦後初期の復興過程

戦後、沖縄県は米軍の施政権の下に、大島郡、沖縄郡、宮古郡、八重山郡の4ブロックに分割され、それぞれに群島政府が設置された。第二次世界大戦により沖縄の畜産業は壊滅的な被害を受けた。家畜は沖縄が戦場化する前にすでに住民の栄養源として処分された。また、駐留する日本軍の徴発で馬は使役に、牛豚は食用となった。農家にとって戦火の中での家畜の飼育管理は困難であった。

1945（昭和20）年、終戦時の牛の飼養頭数について『沖縄大観』は、残存見込み数を本島が50頭、離島400頭と記している。が、翌年の1946（昭和21）年における肉牛の飼養頭数は1991頭となっている。しかしながらこの数は前年の4・4倍は統計の不正確によるもので、宮古・八重山には400頭以上の牛が残存していたのではないかと考えられている。

戦後、牛の増殖を図るため、1946（昭和21）年、米国から33頭のヘレフォード種の寄贈を受け、同時に同年6月までに約1860頭の牛を琉球農業協同組合連合会が、与論、沖永良部、徳之島から

移入し、増殖の基礎を築いた。当時食用は原則として雄に限り雌は繁殖に供せられた。
戦後、日本からの牛の導入は、1952（昭和27）年に鳥取県から種雄牛26頭を導入したのが始まりである。1951（昭和26）年に409頭の肉牛が日本向け（主として阪神方面）に出荷されたが、1952（昭和27）年に外人向け精肉販路が開拓されたので、外貨獲得のため1954（昭和29）年からは輸出を停止した、と『琉球の畜産』に記されている。戦後、日本政府から施政権が切り離されたため、本土は日本、移出は輸出と記されているのがなんとなく不自然である。

　このように販路が開拓されたこともあり、農家も次第に意欲的になってきたが、素牛の購入資金が調達できない農家に対し、琉球農連は肥育牛を委託飼

ヘレフォード種（雄）
写真提供：全国肉用牛振興基金協会

ヘレフォード種（雌）
写真提供：全国肉用牛振興基金協会

育させると発表している。その規模は1カ月20頭で、肥育の完了により日本に出荷し、利潤があれば受託農家と農連で7対3の割合で配分するというものだった。

また1952（昭和27）年には、日本から子牛の購入申し込みが琉球農連に殺到したという話がある。

去る7月から、主として神戸、大阪、香川から子牛の買い付けが殺到し、琉球農連ではこれら日本からの需要に応じきれず、申し込みを断っている現状にある。戦前から肉牛は阪神方面へ輸出されていたが、子牛の輸出は初めてで、これは日本農林省が『無畜解消運動』に乗り出し、政府が資金を各市町村に無利子で貸し付けている関係からではないかとみている。

現在、全琉の畜産状況は2万5862頭（6月末現在）であり、1カ月間の生産頭数は300頭であるが、申込み頭数は月500頭位でこれに応じきれず嬉しい悲鳴を上げている。ちなみに去る7月以来の輸出頭数は、次の通りである。7月36頭（肉牛も含む）、8月25頭、9月92頭、10月101頭、11月45頭、12月44頭。琉球における生産地は徳之島、、沖永良部島、与論島が最も盛んで、現在の需要状況もここ当分続くものとみられており、各畜産地は全力を上げて牛の生産に取り組んでいる。

（1952年11月30日付『琉球新報』）

また当時、琉球政府資源局畜産課でも家畜の増殖を計画している。１９５２（昭和27）年における牛の頭数は2万５７８７頭あるが、増殖目標は和牛４万３０００頭、乳牛１０００頭としている。さらに役肉用牛については次のような方針を打ち出している。

黒毛改良和種を改良の目標とし、農家に戦前と同様な飼育を奨励し、更に乳牛を加味した経済方式をすすめ、可能な町村は全面的に乳牛一本立て、すなわち酪農に切り替える。和牛の生産地は、戦前同様大島、八重山とし、沖縄は肥育及び育成地とし、更に優良な基礎種牡牝牛の輸入によって品種の改良をはかる。

（１９５2年12月15日付『琉球新報』）

しかしながら、この方針を拒否するように、沖縄には外国種の優良基礎素牛の導入が頻繁に行われるようになった。

2、米軍向けの牛肉

これまで述べてきたように、沖縄では明治末期からシンメンタール種、エアシャー種、ヘレフォー

アバディーンアンガス種（雄）
写真提供：全国肉用牛振興基金協会

アバディーンアンガス種（雌）
写真提供　全国肉用牛振興基金協会

赤毛のショートホーン種（雄）
：Wikipedia より転載

糟毛のショートホーン種（雌）
：Wikipedia より転載

ド種などの外国種が導入され、沖縄在来種の改良に大きな影響を与えてきたが、いずれも計画通りには進まなかった。このことは牛の形態がどうであれ、沖縄の牛は沖縄在来種の時代から本土系の黒牛が中心だったことを物語っている。

戦後、1946（昭和21）年には米国から33頭のヘレフォード種が導入され、奄美大島から1860頭の和牛が導入されている。

米国人にとって、肉牛とは牛肉を生産するための牛であり、その品種や毛色に関係なく最も効率的に肉の生産ができる牛であれば、どの品種でもかまわなかった。このような思考から世界の三大肉用牛（アバディーンアンガス種、ヘレフォード種、ショートホーン種）を導入し、沖縄の肉牛振興を図ることに対し、何の抵抗も示さなかった。

それまで沖縄の肉牛は、県内消費も幾分あったが、そのほとんどは阪神方面へ出荷されていた。それは市場が求める品質にあわせて生産してきたからである。ちなみに1951（昭和26）年、阪神方面へ406頭も出荷している。しかし、1952（昭和27）年から沖縄に駐留しているアメリカ軍は、軍人、軍属やそれらの家族のため牛肉の現地調達を始めた。

陸上、海上と高い輸送費をかけた上に煩わしい検疫を受ける本土向け出荷から、沖縄県内で処理販売する「米軍向け」へと転換することになった。沖縄牛の出荷市場が本土ではなく、沖縄県内に駐留する米軍やその関係者であるということは、沖縄で生産飼育する牛の品種を決める上で大きな意味を有するが、当時すでに外国種の肉牛を導入している経過からみて、USCAR（琉球列島米国民政府）の指導もあったと思われるが、米軍向け出荷が今後も続くとみて、和牛にこだわらないという結論であった。

琉球銀行調査部の「沖縄の畜牛について」によると、1952（昭和27）年度における米人向け屠殺頭数は1880頭で現在も昨年と同程度の頭数が米人向けに消費されている。が、これだけの頭数は島内産だけでは需要を充たすことができないので、奄美大島から輸入しているのが現状である。納入対象としては、クラブ、レストラン、スナックバー、シビリアンメスホール、米軍人メスホールなど広範囲にわたり、さらに米軍指定の屠場から出た肉は米軍人家族への店頭販売も行われている。屠場の許可条件として、屠場整備、屠殺能力が先決条件となるが、最も重要視されているのは衛生検査であり、米軍係官による綿密な屠場衛生検査、使用水の水質検査に合格すれば許可されている。

取引価格は肉の品質によって相当な開きがあるが、枝肉の平均価格は1斤80円が相場である。この価格は米軍にとって決して好ましい取引条件ではないが、それにもかかわらず大量の需要がある理由はもっぱら鮮度の点にあるようだ。しかし奄美大島の本土復帰（1953年12月）後、肉牛の売買価格は沖縄本島内のみならず、奄美大島においても高騰しているので軍への納入量も減少傾向にあると

米軍向けの牛肉の解体。写真提供：沖縄県公文書館

いわれている、と述べている。

ところで、沖縄で生産された牛肉の米軍向けの出荷は、民間の屠場で屠殺解体した枝肉を米国人またはQM（米軍補給部）に出荷する方式で行われ、ピーク時の1958（昭和33）年には4107頭に上っている。同年における県内の屠畜頭数は7111頭であるので、米軍向けの出荷頭数の比率は58％に達している。県内の屠殺頭数の約60％が米軍向けであったことは、沖縄の畜産史に特筆すべきことであり、経済的にも大きな影響を及ぼしたと思われる。

しかしながら、その後この比率は年々減少し、1967（昭和42）年には全面停止となった。1959年～60年頃における県内の肉用牛飼養頭数は約1万3000頭となっているが、この中から7000頭余も屠殺されると飼養頭数の大幅減少は免れないが、この時期には奄美大島から年間5000頭～6000頭もの生牛を移入している。すなわち米軍向け牛肉の大半は、奄美大島から移入した牛の屠殺に負うところが大であった（『沖縄県農林水産行政史　第5巻』参照）。

六、琉球政府期前半（1953年～1966年）の牛

1、役肉用牛から肉用牛へ

これまで各群島別に設立されていた群島政府は、1952（昭和27）年に琉球政府の発足にともない統合された。1955（昭和30）年、琉球政府は「経済振興第一次五カ年計画」を樹立した。その中で畜産振興も取り上げられ「家畜家禽増殖ならびに資質の改善、貿易の徹底、種畜場の整備強化、飼料の確保、資金投入による助成対策を重点的に講ずる」とし、役肉用牛について次のように述べている。

役牛と畜舎から出る肥料は、農業経営を改善するのによい。また、駐留外人へ牛肉を、本土市場へ生牛を売り出す途が開けているから、今後牛の改良増殖が促進されなければならない。それには次のことがなされる。

・牝牛を増殖して繁殖の基礎をつくる。すなわち、政府が種畜として黒毛牝和牛を買って種畜場に

入れ、または民間に貸し付ける他、民間で豪州牛ショートホーンを年に1160頭輸入するようにする。また、生産奨励金を交付して生産を促進する。

・生産率を向上せしめるため、人口授精技術を普及し、授精所を設けて空胎をできるだけなくする。

・牧野を改善する。すなわち、ダニ駆除、草質改善のための牧草種子購入、牧場内の薬浴場、隔障場、水飲場、牧舎等の施設に対して助成する。

・財政、金融面の助成を講ずる。牛の増殖には金がかかるから、長期融資を考える。

それ以前までの牛は農業生産の補助として、厩堆肥の生産や畜力利用が主であったが、ここでやっと牛肉生産のための家畜に変わってきた。そして肉用牛はもっぱら牛肉生産のための品種が脚光を浴びるようになった。琉球政府も在沖駐留米軍やその関係者に牛肉やその他の畜産物を供給するため、多くの畜産振興策を図った。この時期は戦後沖縄の畜産復興期とも呼べる時期だといえるだろう。

一方この時期、外国種の肉用牛の輸入も盛んに行われているが、その中で1955（昭和30）年10月に、オーストラリアから輸入された肉用牛201頭は、輸入契約を交わしたショートホーン種ではなくヘレフォード種に替わっていた。この両品種間には価格や生産性に違いがあることから、買い取り価格の調整、農家との飼育契約のやり直しなど関係者は難題を抱え込むことになった。

このように産業復興促進を進める中で、肉用牛は外国からの牛の輸入や県内肉用牛の生産性向上により、大きな発展をみることになった時期である。

2、肉用牛の改良

1957(昭和32)年に設立された社団法人沖縄県家畜登録協会(現・公益社団法人沖縄県家畜改良協会)によって、牛、馬、豚、山羊の登記・登録を行うようになった。同年の肉用牛の登録頭数は、登記22頭、登録31頭であったが、4年後の1961(昭和36)年には登記588頭、登録33頭となっている。

家畜の登記・登録は人間の戸籍と同じで、その家畜の血統を明確にし、よい種畜を交配することによって改良をしていくことに意義がある。しかし、登記・登録により家畜そのものの資質や品位が良くなるわけではなく、これによって家畜そのものが価格が上がるわけでもなかった(現在では相当影響する)。そういう事情で当初は普及が遅々として進まなかった。当時、沖縄には黒毛和種、褐毛和種、無角和種、ヘレフォード種、アバディーンアンガス種などのさまざまな肉用牛の品種が飼育されていたので、登記・登録も各品種について行われた。

また牛の人工授精は、1952(昭和27)年に琉球中央農業研究所でホルスタイン種の雄牛から採

今帰仁村で行われた人工授精の様子。1963 年。
写真提供：沖縄県公文書館

取した精液を用い、農家で飼われていたホルスタイン種に授精したのが最初である。当初、人為的に牛を妊娠させるということは、牛の生産者にとっていささか奇異に思われたようで、不安と期待が入り乱れさまざまな憶測が飛び交ったようである。生まれる子牛が小さい、豚では産子数が少ない、雌雄の産み分けができるなどの風評がまことしやかに流されたようである。しかし最大の問題は、飼育者による雌牛の交配適期の把握が不十分であったことである。中には雌牛の発情の有無に関係なく、日取りや潮の干満によって交配の日時を指定されたという笑えない話も残されている。

肉用牛の人工授精にかかる費用は、合計2ドル50セントで、畜主から人工授精師に支払われ、その中から精液1本の代金83セントを種畜場に納入し、1ドル67セントが技術料として収入になる。1回目の授精で受胎しなかった場合は、2回目、3回目までは無料となるが、これは第1回目の授精から100日以内だけに適用され、それ以降または4回目の授精からは初回授精と同一とみなされた。

七、琉球政府期後半（１９６７年〜１９７２年）の牛

１、外国種の淘汰

前述したようにこれまで、駐留米軍やその関係者およびＱＭ（米軍補給部）向けの牛肉の出荷量は年々減少し、１９６６（昭和41）年を最後に停止された。が、県内の肉用牛飼養頭数は増加していたため出荷市場を本土に求めなければならなかった。しかしながら、本土市場が求める牛肉は良質のものであり、外国種で改良された沖縄の牛肉は余りにも見劣りするものであった。そのことについて、農林省畜産局経済課藤井伸夫課長を団長とする「沖縄における畜産事業視察報告書」に、次のように現状を報告している。

沖縄には純粋種の選抜による改良という動きはみられず、米国民政府の指導もあり、アバディーンアンガス種及びヘレフォード種の導入が行なわれ、在来和牛の雑種生産という形で黒毛和種の改良が図られてきた。しかし、雑種牛生産に対する具体的な方向なり方針についての検討は行なわれていな

かったようである。

また、琉球政府としては、肉用牛の導入による増殖を積極的に推進する必要性から、外国種または雑種牛の性能調査を十分に行う余裕もなく、各品種が沖縄の在来牛の改良に役立てるかという計画も行政措置もとられず、全くの放任状態で雑種牛の生産が行なわれた感が強い。


琉球政府としては、将来も引き続き、牛肉を駐留米軍に出荷できることを前提に県内の肉牛を改良してきたので、肉質はさほど重要視することはなかった。そのため、農家の飼育する黒毛和種にアバディーンアンガス種やヘレフォード種が交配され、その一代雑種が各地で見られるようになった。しかしながら、本土市場では、これらの外国種やその雑種は格付けが低く抑えられ、価格も和牛に比べ著しく低価格で取引された。昭和40年代（1965年頃）になると、これらの外国種またはその雑種は整理期に入り、意識的に淘汰出荷が行われるようになり、1977（昭和52）年頃まで続いた。

ところが1969（昭和44）年2月12日付の『沖縄タイムス』には「シャロレー牛を普及」という見出しに、サブタイトル「琉球殖産〝成長早く農家も得〟」が目につく。

それによると、琉球殖産㈱と本土のソダ・シャロレー牧場との下で今後の事業計画を発表している。シャロレーは、非常に成長が早く経済性が優れているが、折角、シャロレーを飼っても売れなければ

シャロレー種（雄）
写真提供：全国肉用牛振興基金協会

シャロレー種（雌）
写真提供：全国肉用牛振興基金協会

という農家の懸念を解消するため、事前に販路を確保した。

農家との契約に基づいて琉球殖産㈱は、無料でシャロレーの種付けを行い、生まれた子牛を引き取って本土へ輸出する。現在、農家で飼われている和牛やアバディーンアンガス種に比べ、1年半で約30〜40%の体重増になるので農家にとっても有利とされている。

この時期に至ってもまだまだ外国種に執着する場面が見られるほど、沖縄の肉用牛の未来像は混沌としていることがわかる。

2、牛肉の三角貿易

本土では高度成長期真っ盛りで牛肉は量的に不足し、その輸入量は拡大している時期でもあった。沖縄牛も輸入されたが、これは沖縄の畜産業者がオーストラリアなどから肥育素牛や牛肉を沖縄に輸入し、これを沖縄牛として本土へ出荷したのである。

これは琉球の特恵措置を逆手に取った商行為であり、沖縄の畜産業者には何らメリットはなかったので、琉球政府は1968（昭和43）年1月にオーストラリアなどからの牛の輸入を規制する措置をとった。本土側もこの三角貿易を好ましく思っていなかったので、沖縄からの外国牛の輸入は1970（昭和45）年から禁止する旨を発表している。この三角貿易にはいろいろなトラブルが付きまとったが、中でも1967（昭和42）年7月に発見された牛肺疫と、翌1968（昭和43）年7月に起こった輸入牛の船内へい死事件は特筆すべき事件であった。同年7月31日付『琉球新報』に「輸入牛の死因判明　密室にガスが充満、肺炎」と衝撃的なニュースが記載されている。

東風平肉用牛飼育所の構内。1970 年 3 月。写真提供：沖縄県公文書館

農林局は、29日那覇港に入港したアテネ号（西ドイツ船籍）で、

ニュージーランドから輸送中の牛364頭のうち、124頭が死んだことについて、死んだ牛を解剖して死因を調べていたが、30日その結果を発表した。牛の死因は、①船が高波や豪雨で室内を密封していたため、内側にガスが充満して肺炎を起こした他、船の揺れで打撲傷などの外傷も加わっている②気象条件が急激に変化し、心臓麻痺を起こした―ことなどを挙げている。

幸いに伝染病ではなく関係者はほっとしたと思われるが、農林局は慎重を期すため、細菌培養を行い、検疫を続けるが、それまで牛の陸揚げは禁止するとしている。

この時期は先述したとおり、品種の混雑期を越えて真の黒毛和種の時代が始まった時期と言える。出荷先を本土市場一本に絞り。沖縄の肉用牛流通体制の基礎固めに取り組んだ時期であった。

3、肉用牛振興特別措置法の制定

琉球政府は1968（昭和43）年8月、「肉用牛振興特別措置法」を交付した。その主旨は、外国から輸入され、沖縄で一時肥育した後、本土へ出荷される、いわゆる三角貿易肥育素牛や牛肉に課徴金をかけ、その資金で琉球内の肉用牛振興を図ろうというものであった。その概要の主なもののうち第12条についてみてみよう。

第12条　政府は、毎年度予算の範囲内において肉用牛を生産する者又はその団体に対し、次に掲げる事業の実施に要する経費について。補助することができる。

一　繁殖牛の購入

二　子牛の生産

三　肉用牛の飼育施設

四　自給飼料の生産及び改良事業

五　牧野及び牧野施設の造成並びに改良事業

この措置により昭和40年代前半の伸びは、この生産振興対策が効を奏したものと見られている。昭和48年～50年にかけての急増は、復帰後の国、県の諸施策や、肉用牛価格安定基金協会の価格補償によるものと當山はその著書『沖縄県畜産史』で述べている。ちなみに昭和40年～50年までの肉用牛の飼養頭数は次の通りである。

昭和40年…1万8312頭　／　41年…1万9014頭　／　42年…2万2079頭

43年…2万5714頭　／　44年…2万6430頭　／　45年…2万8229頭

46年…2万6269頭　／　47年…2万6869頭　／　48年…3万2121頭
49年…3万7091頭　／　50年…3万8409頭

この中で、第12条第1項に掲げられている繁殖牛の購入実績は、昭和43年が352頭、44年が1360頭、45年が651頭、46年が1022頭であった。また、昭和50年の頭数3万8409頭は、同40年の1万8312頭を2万頭をもしのぐ勢いである。この時期には本土から優良種畜導入事業により本土から盛んに優良子牛が導入されており、その影響も多々あると思われる。

4、肉用牛の品種改良

これまで述べてきたように、十分な調査研究がなされないまま導入されたアバディーンアンガス種、ヘレフォード種、ショートホーン種などの外国種の牛が、沖縄の肉用牛生産過程に及ぼした影響は計り知れない。

一例を挙げると、アバディーンアンガス種の肉質は黒毛和種に劣るものの、外貌は素晴らしい肉用牛であった。しかしながら、この牛はもともと広大な放牧場で飼育されている品種で、これを沖縄のように狭い牛舎に閉じ込めて飼うことに無理があったのではないかと考えられている。草の食い込みがよく、その利用性もよかったが、反面粗暴で取り扱いが極めて困難であった。また、牛肉の出荷先が本土市場になってからは、国内産和牛に比して取引価格が2割ほど安く、繁殖成績も良くなかった。そのため農家から不評を買い、次第にその頭数を減じていった。

このように牛の導入や普及は、その資金さえあれば比較的短期間に目的を達成できるが、その整理となると容易ではない。この体験は牛の品種改良について、種牛導入前の調査研究の重要性を関係者へ知らしめる結果となった。

5、肉質改善への取り組み

肥育牛の肉質改善の一つとして雄牛の去勢があるが、沖縄では牛を使役していたときの名残りのせいか、雄牛を去勢しないままで肥育する習慣があった。そこで政府は指定された種雄牛以外の交配を防止する目的で去勢の普及を推進した。が、沖縄産の牛肉が駐留米軍向けに出荷されていた頃は、肉質は問題にされず、種牛の肉でも不都合はなかった。そのため去勢は普及しなかった。

しかしながら、牛肉の出荷が本土市場一点に絞られると、種牛と去勢牛との価格差が生じるようになり、肥育農家や指導者もその対策を迫られるようになった。

『畜産の研究』第21巻第1号によれば、1963(昭和38)年の鳥取県の試験データとして、1日増体量は、去勢牛が0・71キログラム(枝肉歩留63・2%)、雄牛0・82キログラム(同63・1%)で差はなく飼料の利用性では雄牛が良いが、枝肉ロース芯のサシの入り具合は去勢牛が良く、枝肉単価も去勢牛が有利と結論付けている。

また、同時に徳島県の試験データとして、1日増体量は雄牛が上回っているが、価格は去勢牛が有利としている。

ちょうどその頃、本土市場では次第に雄牛の取引条件が悪くなっていたため、肉用牛流通を担っていた農連は、雄牛の去勢を強力に推進することとなった。しかし、それでも市場における雄牛と去勢牛の価格差は10%内であり、肥育牛としての採算は20%以上の差がなければ去勢牛が有利とはいえない。農家が去勢牛を拒む理由はここにあった。

さらに、雄牛飼育のもう一つの理由は闘牛にあり、特に八重山地方ではその見込みのある個体は去勢をかたくなに拒絶した。牛は肉用として販売するよりも闘牛として取引したほうが数倍も儲かったからである。しかしながら、時の経過とともに本土市場における雄牛の取引条件がますます不利になるにつれ、農家の肉質改善に対する理解が深まり、去勢は次第に普及していった。

一方、沖縄の肥育牛は青草給与が主であったため、脂肪の色が黄色くなり、沖縄産牛肉の評価を低下させた。その解決策として農連は製糖工場の副産物であるバガスに着目し、その普及と併せて乾草を普及させたことにより、黄脂肪の問題は収束に至った。

ちなみに、1965（昭和40）年頃の肥育牛の理想出荷体重は450キログラム、枝肉重量は270キログラムであったが、1967（昭和42）年頃には500キログラムになり、さらに牛肉価格が高騰した1972（昭和47）年には600キログラムが良いとされた。このような背景があって沖縄の肉用牛の改良は推進され、農家の肥育技術も改善された。

6、セリ市場の開設

農家は牛の飼育管理には手馴れているものの、その売買取引についてはうとく、家畜商任せの取引が続いていた。そのため農家が丹念に育てた牛の利益は、家畜商に吸い取られる例が多く、このことが農家の生産意欲を阻害する要因となっていた。

そこで「正常な流通体系や公正な取引は家畜市場を設置し、セリ方式で取引する」との考えの下に、家畜市場の設置が叫ばれ、1963（昭和38）年に宮古に家畜市場が開設され、セリ方式で実施されたが、その結果は期待を裏切るものであった。

セリ取引を不利とみた購買者は、セリに上場しようとする牛を引き止めて買い取り、上場頭数の減少をはかり、セリでは傍観を決め込みセリ値を上げないように画策するとともに、場外で個人的に買いまくる取引に奔走した。そのため農家は、セリ市のメリットがないことに加え、市場までの搬入の煩わしさから上場を控えるようになった。

この時期の肉用牛の生産体制は、宮古・八重山が子牛の生産を担い、沖縄本島では肥育を行う体制になりつつあった。しかし、沖縄本島の肥育農家が直接、宮古・八重山へ牛の購入に出かけることはなく、多くは家畜商がその役目を担っていた。彼らは宮古・八重山で牛を買い集めた後、那覇へ搬送し、家畜商組合が運営する浦添家畜市場に係留し、肥育牛飼育農家が購買に来るのを待った。すなわち浦添家畜市場の実態は、家畜商のための販売用家畜の係留および展示場であり、セリを行う場所ではなかった。

なお、1967(昭和42)年における家畜商登録者数は、沖縄本島が160名、宮古が164名、八重山が48名、計372名となっている。が、彼等の多くは技術や資金量において、零細家畜商であった。当時の肉用牛の流通価格は、一部の屠畜業者や肉用牛輸出業者を兼ねる本島の大家畜商(琉球農連も含む)によって動かされていた。

7、検疫制度の改善

家畜を沖縄から本土へ輸出したり、逆に本土から沖縄へ輸入したりする場合には、「家畜伝染病予防法」により、検疫所で一定期間繋留し、検疫を受けなければならなかった。輸出の場合は沖縄で7日間、本土で15日間、輸入の場合はそれぞれ15日間と7日間であった。つまり輸出する沖縄側と輸入する本土側の2カ所で検疫を実施していた。そのため経費は増大し、肥育牛は検疫所内におけるストレスで体重が減少し、商品価値を低下させることになる。そこで琉球政府は1965（昭和40）年9月に農林大臣をはじめ、来島する本土政府関係者に対し、日琉一体化を促進する立場から、検疫制度の改善についてたびたび要請していた。この要請に対し、日本政府は琉球政府側の要望をほぼ全面的に認め、1969（昭和44）年10月20日から実施するようになった。この措置により、沖縄から本土に輸出する経費や労力は大きく削減されることとなった。

ちなみに1962（昭和37）年から1971（昭和46）年までの10年間における肉用牛の輸出検疫頭数は、少ない年で562頭（1965年）、多い年で4483（1968年）で平均2220頭となっている。

八、本土復帰後の牛

1、肉用牛飼養頭数の増加

周知のとおり沖縄は１９７２（昭和47）年５月15日を期して日本の一県となり、法律や制度も他府県と同様となった。これにより、本土向けの牛も国内扱いとなり、検疫は不要となった。検疫が不要となったメリットは計り知れないほど大きかった。

１９７２（昭和47）年～１９８１（昭和56）年までの10年間における肉用牛飼養頭数および農家戸数、屠殺頭数、移出頭数などの推移を次表に示した。

肉用牛飼養農家戸数は年々減少傾向にあるが、飼養頭数は緩やかではあるが、次第に増加している。このことは農家１戸当たりの飼養規模拡大を示しており、県の施策通りに推移しているといえるが、規模拡大にともなう多頭飼育管理技術への対応が迫られることになった。

一方、移入頭数にはほとんど変化は見られないが、移出頭数は急増している。

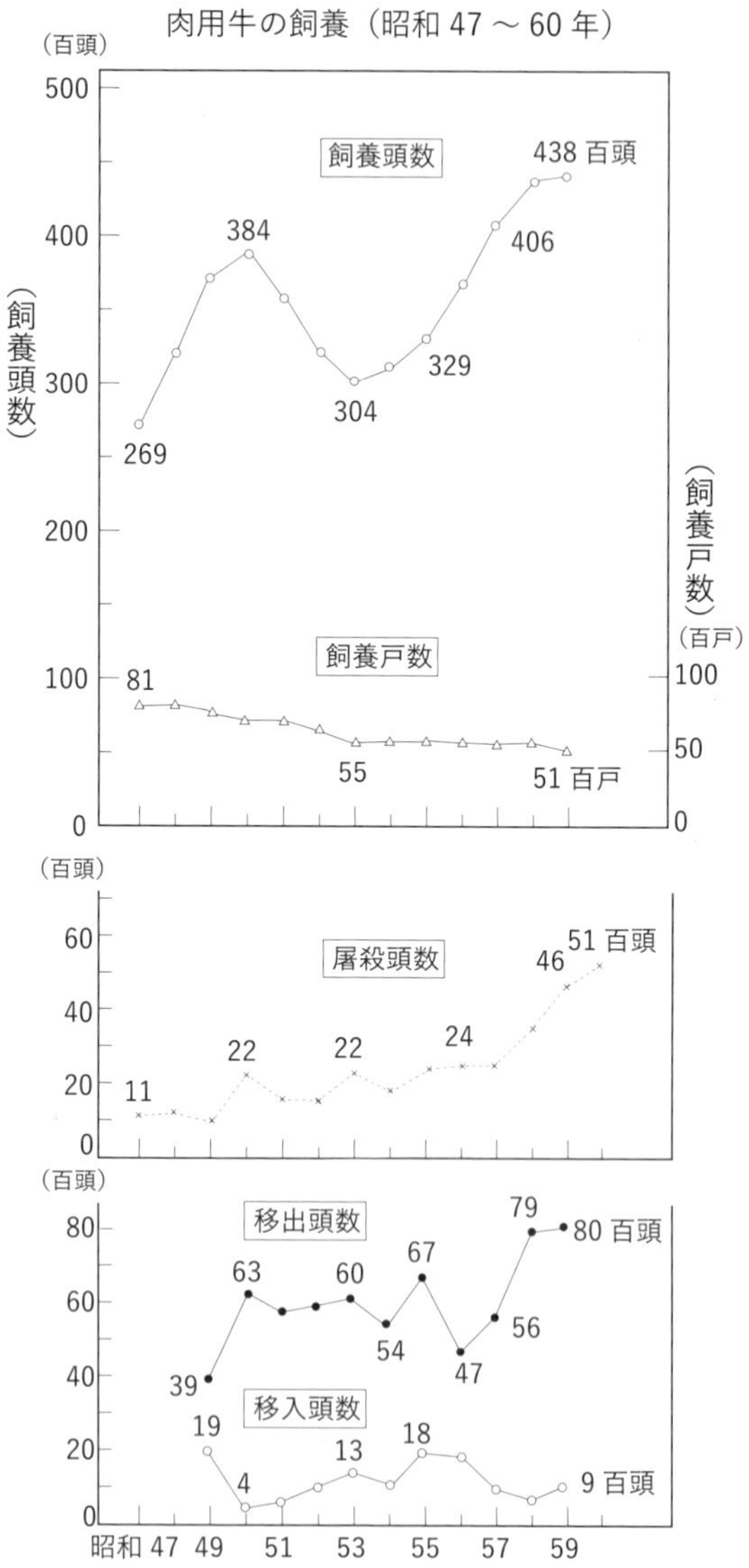

資料：『おきなわの畜産』（昭和 55 年版、61 年版）

2、肉用牛振興計画

琉球政府は本土復帰前の前年、1971（昭和46）年に10年後の肉用牛飼養頭数を10万6000頭に増加させる計画を掲げた。その頭数は基準年度（1972年度）の約4倍に相当し、年間増加率を13％と設定した。

その後、1975（昭和50）年に、「沖縄県肉用牛生産振興計画」を発表したが、これには年度別及び地区別の増殖計画が盛り込まれたほか、飼料生産計画、経営改善計画など肉用牛生産振興に関する具体的な計画が示された。しかしながら時の経過とともに現実と計画に大きなズレが生じ、1977（昭和52）年以降の飼養頭数の達成率は50％以下、子牛生産頭数のそれは1980（昭和55）年以降25％以下という散々な状況であった。

ところで、1980年代における肉用牛振興に関する基本的な考え方として、

「今後、肉用牛の不足が予想されるので、その自給率向上が重要な課題となっている。本県は亜熱帯の地域性を生かした肉用牛生産地形成の場として注目されており、この振興計画作成については、肉用牛の国内生産の確保に努めることを基本計画とする」

としている。

沖縄県は、この計画を具体化する対策の一つとして、生産基盤整備を実施してきた。例えば複合経

営を主とする伊是名村、伊江村、今帰仁村などの地域では、肉用牛生産集約基地育成事業、比較的大規模経営が可能な国頭村や八重山地区では畜産基地建設事業が実施された。

このように県は、これらの諸施策を実施しながら、1985（昭和60）年度までに8万頭にする目標を定めた。地区ごとには北部地区が1万1900頭、中南部地区が1万6900頭、宮古地区が2万1600頭、八重山地区を2万9600頭に増殖することとしているが、現実は、前述したように厳しい結果となった。

3、肉用牛の改良事業

肉用牛の改良方法には二つの方法がある。一つは県内の肉用牛そのものを時間をかけて改良していく方法、他の一つは県外で改良された肉用牛を導入し、これらの交配によって改良を進めていく方法である。

本土復帰後、沖縄県は黒毛和種を肉用牛の奨励品種として定め、その優良系統の造成を図り、産肉能力の高い種雄牛の選抜を行い、経済性の高い子牛の生産に努めることとした。その対策の一つに、「沖縄県家畜導入事業」がある。その主旨は、県内では家畜の能力、資質などの低い家畜が繁殖に供され

沖縄が本土から雌の子牛を導入したことを伝える新聞記事
（上）昭和53年6月25日付『八重山毎日新聞』
（下）昭和53年6月13日付『中国新聞』

一頭で121万円ナリ
本土からメス子牛導入
肉用牛公社

何とこの子牛が一頭で121万2千円。競りがせり落とした平川係長（公社牧場）

子牛なんと121万円
庄原家畜市場で最高値
8ヵ月、体重274キロ

ており、県が優良な家畜を計画的かつ集団的に導入することにより、農家の畜産経営の合理化および家畜の資質向上を計ることとしている。

その他にも「肉用牛集団育種事業」がある。これは社団法人沖縄県肉用牛生産供給公社に基礎雌牛を導入し、これに県畜産試験場で繋養されている優良雄牛を交配（人工授精）し、生産された雌子牛を県有牛として農家へ貸し付ける事業である。そのため県肉用牛生産供給公社は県外（島根県、岡山県、広島県）から、400頭の基礎雌牛を導入・飼育し、年間90頭の子牛を農家に貸し付ける計画であった。

このように新生沖縄県は、他県から優秀な黒毛和種の子牛（雄雌）を導入し、肉用牛改良を推進するためにさまざまな施策を展開した。

筆者は復帰後、県畜産課勤務を命じられ、奇しくも生産係に配属されこれらの事業に携わった経験がある。また、県肉用牛生産供給公社の設立にともない出向を命じられ、子牛の導入に関わった。

4、県産牛は県外出荷、県内消費は輸入牛肉

沖縄では本土復帰前、外国産牛肉の輸入は自由化され、枝肉ベースで3000トン以上輸入され、県内で消費されていた。が、本土ではＩＱ（輸入割当）品目であった。そのため沖縄では「復帰特別措置法」により、復帰後も本土とは別枠で牛肉の特別割り当てが行われることとなった。

牛肉の輸入には一般用と加工用があり、一般用については沖縄の牛肉需要に見合う分が割り当てられ、税金は本土並みの25％とした。一方、加工用牛肉は徐々に税率を上げ、復帰10年後の１９８２（昭和57）年以降は本土並みの25％にしようというものだった。

また、県は輸入税の他に課徴金を徴収し、県内の畜産振興などに充当していた。その課徴金は本土のそれの75％であり、沖縄県食肉輸入協同組合連合会が徴収し、社団法人沖縄県畜産公社へ納入するシステムであった。

復帰後の沖縄県では、年間７０００～８０００頭の和牛を本土へ出荷しながら、県内消費に回る量

はわずかしかなかった。つまり、「沖縄産牛は本土へ出荷し、県内で消費する牛肉は輸入牛肉で」という構図であった。そのため、県畜産公社は「肉用肥育雄牛生産対策事業」を開始した。これは県内で肥育された乳用雄牛の肥育牛が、県内で屠殺され、県内で販売された場合には、1頭当り3万円の助成金を交付する制度であり、県内消費促進のための事業であった。

しかしながら、現実には県内販売額に3万円を加えた額よりも、本土へ出荷するほうが有利であったため、県内産牛肉の県内消費は計画通りには行かなかった。

九、平成以降（1989年〜）の牛

1、オウシマダニを根絶

県農林水産部は1999（平成11）年4月20日、牛に寄生するオウシマダニが根絶されたと発表した。オウシマダニは、牛の法定伝染病であるバベシア病を媒介する寄生虫で、国内では唯一、八重山地域にしか生息がみられなかった。そのため、これまで牛の移動が制限され、薬浴証明が義務付けられていた。この撲滅宣言で復帰以来の移動制限が27年ぶりに解除となった。県農林水産部では、セリ購買者や消費者にクリーンな八重山牛としてアピールができ、県の畜産振興に弾みがつくと期待を寄せている。

オウシマダニは、熱帯から亜熱帯にかけ世界に分布しているが、国内では八重山地方が最後の生息地とされていた。牛の体重減をもたらすため生産農家に経済的な損害を与えていた。本県の撲滅事業は1951（昭和26）年から始まり、国庫補助事業として1971（昭和46）年度から1998（平成10）年度まで10億4000万円余が投資された。その間、伊是名村、多良間村、黒島（竹富町）などで次々と撲滅を達成し、1996（平成8）年度には〝最後のとりで〟となった石垣島の撲滅を完成させた。これを受けて、農林水産省は4月12日に家畜防疫対策要綱改正の通達を全国に通知した。県は4月20日付で、牛の移動を制限した県告示を削除し、撲滅を宣言した。

これまで薬浴などの措置を受けた牛は延べ300万頭に上る。薬浴証明書の手数料は1頭当たり770円を要し、1998（平成10）年度だけで900万円もかかった。これまで生産農家や購買者が負担してきたが、撲滅後は不要となり、負担が軽減される（1999年4月21日付『琉球新報』参照）。

一方、4月22日付『沖縄タイムス』社説に「牛ダニ撲滅　評価される関係者の努力」の見出しでダニ駆除について掲載されている。その要旨は次の通りである。

バイチコールによる薬浴。写真提供：沖縄県

アズントールによる薬浴。写真提供：沖縄県

ヘリコプターによる薬剤散布。写真提供：沖縄県

この「ダニ駆除」になんと27年かかった。そんなに長い年月を要したのは、オウシマダニの驚異的な繁殖力によるものだ。40日のライフサイクルで繁殖を繰り返すのも驚きなら、1匹が1度に3000匹の卵を産むというのだから、唖然とするしかない。

オウシマダニの撲滅は、世界的にも例がない。ウリミバエの根絶と同じく世界に誇れる偉業である。撲滅への努力を高く評価したい。関係者がダニと格闘を続けた結果である。その労をねぎらいたい。

2、BSE（狂牛病＝牛海綿状脳症）が国内でも発生

1986（昭和61）年11月、英国で初のBSEが確認された。90年代以降も被害が広がり感染頭数は計18万頭に上った。1996（平成8）年3月、英国政府はヒトの変異型クロイツフェルト・ヤコブ病感染はBSE原因物質に汚染された牛肉による疑いが濃厚と発表した。このニュースは瞬く間に世界中に流されパニックになった。そのため農林水産省は同年4月に肉骨粉の使用自粛を農家に指導したが、2001（平成13）年9月、国内でBSEの疑いのある牛が1頭発見され、確認のために英国へ検体を送付し、検査したところ陽性と判定された。その後、11月21日に2頭目、30日には3頭目が確認され国内でのBSEの浸潤状況が深刻であることが判明した。農林水産省、厚生労働省が設

BSEによる子牛価格の変動（前年比）

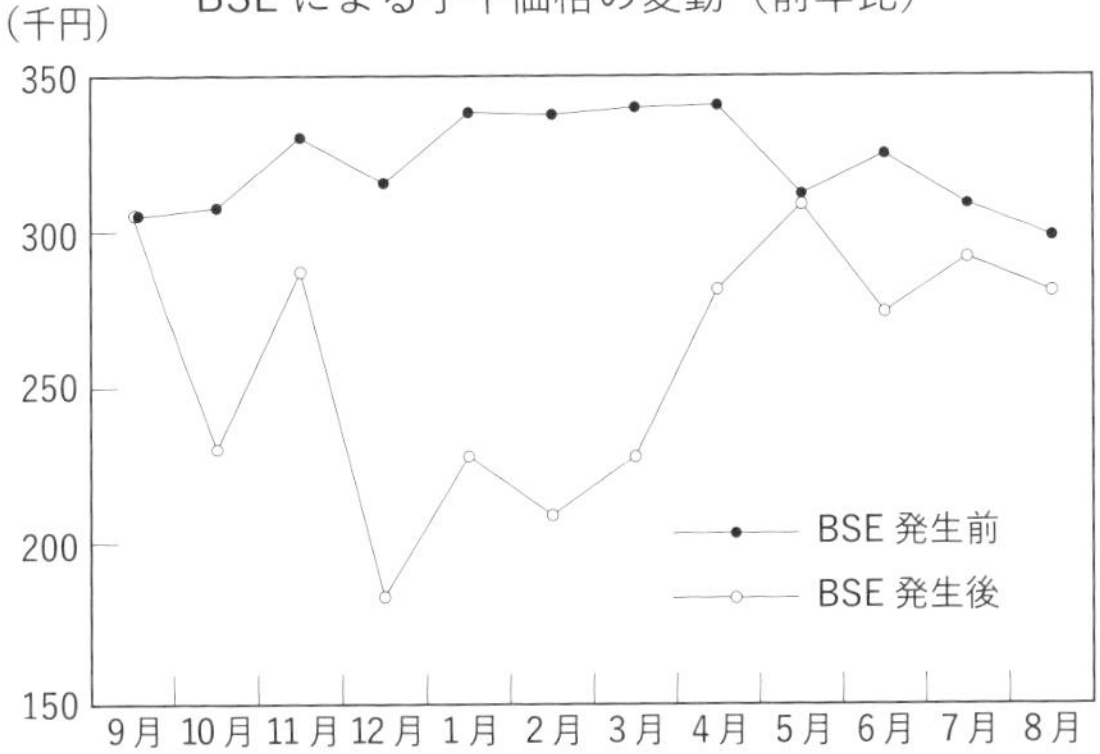

資料：『八重山毎日新聞』（2002年8月27日付）

置した調査検討員会が「重大な失政」との報告書を提出した。そのため当時の武部農相、坂口厚労相は大臣報酬を返納すると発表するとともに両省の幹部を減給等の処分を行った。

その影響で県内の牛肉価格は暴落したが、約1年後の2002（平成14）年8月27日付『八重山毎日新聞』には「牛肉販売は回復傾向」の見出しで嬉しい記事が掲載されている。

発生当初、消費者の牛肉離れで牛肉販売の低迷、牛価の暴落を引き起こし、八重山郡内の畜産業界も大きな打撃を受けた。それから1年の現在、牛価もほぼ持ち直し、店頭での牛肉販売も順調に回復。先日発見された5頭目のBSE感染牛の影響が心配されるが、現状ではBSE発生以前に戻りつつあるようだ。

BSE発生は、消費者の牛肉離れを引き起こし、牛肉消費の低迷から枝肉価格、子牛価格へと発展。スーパーなどでの牛肉販売も不振を極め、相次いで売り場面積を縮小した。だが、国の全頭検査など安全対策の実施のほか、石垣市と竹富町の地元産牛の安全宣言などで徐々に牛肉消費が回復に向かっている。

3、肉用牛生産供給公社の使命が終了

1977（昭和52）年12月に設立された沖縄県肉用牛生産供給公社は27年間にわたり、本県肉用牛の振興・発展に大きな役割を果たしてきたが、その役割を終了したので2004（平成16）年7月31日をもって解散することとなった。

琉球政府は1969（昭和44）年2月に肉用牛繁殖センターを設立したが、日本復帰に伴い1972（昭和47）年5月に名称を沖縄県肉用牛育成センターへ改称し、肉用牛の中核機関としてスタートさせた。復帰後初の第一次沖縄県振興開発計画により、1972（昭和47）年当時の肉用牛2万6000頭台を10年かけて10万頭まで増殖する計画を立てていた。この計画を受けて、1976（昭和51）年から草地基盤整備事業が土地改良事業と同様、畜産公共事業として位置づけられたことにより、県も全国の草地基盤整備事業予算の中で事業が展開可能となり、県下各地で畜産基地建設事業が行われるようになっていった。

農林省（当時）は沖縄県の肉用牛振興対策の一環として「沖縄県肉用牛生産供給公社」の設立を位置付けた。その目的は次の通りである。

公社は、沖縄県の気候風土に適した、資質のすぐれた沖縄の銘柄牛を作出し、優良種畜の生産供給を図るとともに、亜熱帯における草地事業の確立を図ることにより、肉用牛の生産振興に資することを目的とする。

同公社の27年間の事業実績は子牛の生産が1万431頭、その内の3932頭は農家の基礎母牛として払い下げられている。2003（平成15）年12月末の沖縄県の肉用牛の総頭数は7万9000頭を超えており、同公社が初期の肉用牛振興にいかに大きく貢献したかがうかがえる。1983（昭和58）年から県畜産試験場で種雄牛の産肉能力検定事業がスタートしたことにより、計画交配事業が公社基礎雌牛群を活用して行われるようになってから、公社の業務も改良事業が重視されるようになり、これまで8頭（平成16年現在）の県基幹牛が作出された。これらの種雄牛から生産された精液は沖縄県全域で活用され、肉用牛農家の経営をより豊かにしている。

このように県内でも優良な種雄牛や優良種畜が生産され沖縄産の肉用牛の評判も次第に高まって

いった（玉木正邦　２００５）。

4、県産和牛の評価上昇

２０１２（平成24）年11月1日付『琉球新報』に「久米島和牛３頭　優等５席」の見出しが躍る。

国内最大の和牛品評会「第10回全国和牛能力共進会」で、母、娘、孫娘の3代にわたる品種改良の成果を競う第6区（高等登録群）に県から初挑戦の久米島町の3頭が、県勢最高位の優等5席に入賞した。全部門を通して県勢の過去最高の成績となった。成績は優等、1等、2等の順で選ばれる。第3区（若雌2）は久米島長の牛が優等14席、第2区（若雌1）は伊江村の牛が優等16席に入った。

一方、枝肉の品質を競う部門では、第9区（去勢肥育牛）で八重瀬町のＪＡおきなわ東風平肥育農場の出品牛が優等11席、本部町の牛が2等となった。3頭セットで出品する第8区では沖縄市と本部町の牛が1等に入った。今大会は10月25日～29日に長崎県で開催した。県家畜改良協会の赤嶺雅敏事務局長は「改良技術への評価は全国に対する県内和牛のＰＲになる。今後も県全体で連携を深めていきたい」と話した。

上位入賞を果たした久米島牛

平成に移行してからは、県の施策、基幹種雄牛や優良種畜の選抜、指導技術の向上、農家の飼育技術の向上などにより県産和牛の評判は全国的にも高まってきた。

5、環太平洋連携協定（TPP）交渉の課題

日本は「聖域」と位置づけて関税の死守を目指している、コメ、麦、牛・豚肉、乳製品、サトウキビなど甘味資源の重要5項目は厳しい協議に直面していると報道されている。

とりわけ米国や豪州の関心が高い牛肉・豚肉の関税引き下げは避けられそうになく、畜産農家に影響が出るのは必至と見られている。仮に関税が引き下げられた場合、高級ブランド銘柄でない低価格帯の国産肉は、価格面で優位に立つ米国や豪州産の輸入肉と競合する可能性が高い。

牛肉関税の収入は畜産農家への支援に充てられている。約

７００億円ある牛肉関税収入が関税引き下げで目減りすると、支援事業の見直しにもつながりかねない。

ここへきて、オーストラリアとの経済連携協定（ＥＰＡ）交渉で、牛肉の関税は現在の38％から20％台に入ったと新聞は報じている（平成26年3月27日付『沖縄タイムス』）。

オーストラリアは関税率の大幅削減を強く求めており、譲歩はやむを得ないとの判断に傾いている。仮にＥＰＡ交渉で関税率が下げられるとＴＰＰ交渉で、アメリカから強く関税率の引き下げが要求されることは確実視されており、日本政府は難しい対応を迫られそうである。

コーヒーブレイク　4杯目
和牛とは何か

1944（昭和19）年、当時の農林省は、日本の伝統手的な黒毛和種、山口県を主産地とする無角和種、高知と熊本のあか毛の牛は褐毛和種として和牛に認定した。遅れて1957（昭和32）年に日本短角種も加わった。

つまり、和牛とは①黒毛和種②褐毛和種③日本短角種④無角和種―の4種である。とは言っても、黒毛和種が95％を占めており、ほかの品種は微々たるものである。

近年、受精卵移植や人工授精技術の進歩により、外国でも和牛の子牛が生産可能となり、日本と同様な飼料、環境で育てれば日本と同じ和牛になる。実際に、アメリカ和牛、カナダ和牛、オーストラリア和牛というブランドが、世界市場に流通している。すでに和牛は世界の「WAGYU」になっている。

①黒毛和種

全国的に広く飼われている品種。特に九州、中国地方、東北で多く飼養されている。有名な銘柄牛のほと

上から
黒毛和牛（雄）、黒毛和牛（雌）

んどは黒毛和種で、全国の和牛の飼養頭数の95％を占めている。特色として、被毛、角、蹄、粘膜などが黒く、毛先が褐色を帯びている。身体はよく締まって充実しており、足も蹄も強健である。肉質は柔らかく、筋繊維は細かく、肥育すれば脂肪が筋繊維の間に細かく沈着した極上の「霜降り肉」を作り出す。

②褐毛《あかげ》和種

熊本県と高知県の赤牛を基礎とし、これに明治以降、シンメンタール種と朝鮮牛で改良した牛。飼養頭数は黒毛和種に次いで多く、主産地は熊本、高知の両県であるが、東北や北海道でも飼養されている。骨太で体格が良く、成長が早いのが特色である。肉質も黒毛和種に近く、中にはそれに匹敵するのも見られる。体質は強健で、特に暑さに強く粗飼料を効率よく食べ、性質もおとなしい。

上から
褐毛和種（雄）、褐毛和種（雌）

③日本短角種

東北地方北部原産の肉用種で、南部牛にイギリスからのショートホーン種を交配して改良が進められた。岩手、青森、秋田が主産地で北海道でも飼養されている。毛色は褐色で濃淡はさまざまである。肉質は繊維が粗く、脂肪交雑は黒毛和種に比して劣るが、手間がかからず成長が早いのが強みで放牧に向いている。

上から、
日本短角種（雄）
日本短角種（雌）

④無角和種

山口県阿武郡で在来の和牛をアバディーンアンガス種によって改良した品種。主産地は山口県で比較的少数品種である。黒の単色で名称通り角がないのが特徴である。体全体が丸みを帯び、体の幅があって、大腿部が厚い肉用種らしい体系をしている。和牛の中では比較的早くから肉用に重点をおいて改良が進められており、成長が早く、飼料の利用性も良好である。ただ、肥育が進むと皮下脂肪が厚くなりやすく、肉質の面では、脂肪交雑や肉のきめなどの点で黒毛和種にはおよばない。

（この項、写真はいずれも全国肉用牛振興基金協会提供）

上から、
無角和種（雄）
無角和種（雌）

コーヒーブレイク　5杯目

銘柄牛（ブランド牛）とは

沖縄で銘柄牛とされる、石垣牛、本部牛、山城牛は総て黒毛和種で、産地や枝肉の格付け、飼育法などで一定の基準をクリアしたものである。

ちなみに、ＪＡ石垣牛の定義は、

一、「石垣牛」とは、八重山郡内で生産、育成された登記書及び生産履歴証明書を有し、八重山郡内で生後おおむね20カ月以上、統一された独自配合飼料により、肥育管理された純粋の黒毛和種の去勢及び雌牛のことをいう。

二、出荷期間は、去勢で24～35カ月、雌で24～40カ月の出荷範囲以内とする。

三、品質表示は、日本格付協会の格付を有する枝肉

特選…歩留等級（Ａ・Ｂ）肉質等級（五等級・四等級）

銘産…歩留等級（Ａ・Ｂ）肉質等級（三等級・二等級）

一～三までの条件を満たした枝肉に対し石垣牛ラベルを発行する。

四、店舗販売業者においては、ＪＡおきなわの発行する「石垣牛」ラベルで表示いたします。

となっている。

国産牛と和牛は違うの？

国産牛とは、日本で生まれ育った牛の他に、３カ月以上日本国内で肥育された牛のことで、ホルスタインなどの乳用種や、乳用種と肉用種をかけあわせた牛などが国産牛と呼ばれている。

和牛とはコーヒーブレイク４杯目で述べたとおり、黒毛和種、褐毛和種、日本短角種、無角和種の４種のみが和牛と称される。

肉の美味しさは種類や部位による

一般的に、輸入牛よりも国産牛、国産牛よりも和牛のほうが価格が高く、高級で美味しいといわれている。赤身が多く肉質が粗いものが多い輸入牛に対し、和牛、特に黒毛和牛は脂肪はマイルドで肉質も柔らかい。銘柄牛は肥育のためのコストや手間もかかるので、価格は当然高くなるが、牛肉の美味しさは価格だけで判断できるものではない。品種や部位によって、それぞれの美味しさとメリットがある。

例えば赤身の多い輸入牛肉や、和牛でもサシが入りにくい、モモやランプ（臀部）などの部位は牛肉らしい旨みが強く感じられる上に、脂肪の燃焼を促すL－カルニチンが豊富に含まれている。サシの多い霜降り肉に比べて値段も安く、低カロリーなのも利点である。

脳を活性化する物質も含まれている

牛肉には、健康や美容のために有効な良質なタンパク質やビタミンB群、鉄分や亜鉛などのミネラルが多く含まれている。さらに脳細胞を活性化させるために必要な成分として注目されている「アラキドン酸」も牛肉には豊富に存在する。頭や体力を必要とするビジネスマンや世の男性陣にはお奨めである。

第二章　牛と関わる人々

一、養牛農家

上地良淳さん（58）（宮古島市上野）

（有）農業生産法人・大海の代表者であり、宮古市農業委員や指導農業士としても活躍中である。長男の真誠（31）さんとともに繁殖牛70頭、育成牛50頭を飼育する本格的な和牛繁殖農家である。37年間にわたる牛飼いの技術は蓄積された実績に裏付けられ、いずれの牛も骨格が発達し、足腰がしっかりし素晴らしい。

繁殖牛が70頭も飼養されているので、粗飼料（草）の確保は大変だと思うが、7・5町歩（約7万4000㎡）の草地にギニヤグラス、ローズグラス、トランスバーラーなどが植えられている。育成牛用にはカナダからバミューダーグラスを直接購入しており、2カ月齢前後の子牛の離乳食用にはチモシーのプレミアムを購入するなど粗飼料に強いこだわりがある。また、繁殖用素牛の導入にもこだわりがあり、鹿児島県まで自費で購入に出かけるほどである。

現在、宮古島市の牛のセリは2カ月に1回のペースで行われており、購買者の8割方は県外からやっ

右が上地さん、左は人工授精師の川上さん
（牛舎は下の写真とは別棟）

広い牛舎に繁殖牛が70頭ほど飼われている

てくる。

わざわざ旅費をかけて購入に来るのでセリに上場する牛が少ないと次第に購買者が減少していくのは明らかであり、宮古島市全体で牛の頭数をいかに増やすかが大きな課題であると、上地さんは真剣に話す。

また、上地さんはさらに30頭ほど増やす計画で、役所や農協に補助事業の相談を持ちかけているが、メニューがないということで実現に至っていない。なければ新規のメニューを作るように積極的に要望している。

確かにセリの購買者に来てもらうためには頭数の嵩上げは必要であろう。

島袋正さん（54）（伊江村川平）

島袋正さんは筆者が沖縄県立農業大学校勤務時代の教え子である。彼と会うのは30数年ぶりのため、港で声をかけられても全く初対面としか思えなかった。当時の紅顔の美少年時代の面影からは想像もできないほどに変わり果てた中年のおじさんに戸惑ってしまった。島袋さんは農大を卒業後1年間、農業派米研修生としてハワイで過ごした経験があり、研修後は家業の畜産を継ぐこととなった。代々農家で牛や馬を飼っていたので、学生時代から牛の扱い方がとても上手であった。

繁殖牛22頭、子牛12頭を飼いながら、牛の人工授精師として、月に約１００頭の人工授精を行っている。牛の飼料確保のための草地も1万坪ほど持っており忙しい。草地にはジャイアントグラス、ローズグラス等を作付けしており、定期的に乾草作りに精を出す。彼は、養牛仲間からの人望も厚く、１５０人ほどが所属する伊江村和牛改良組合の副組合長として、リーダーシップを発揮している頼もしい人材である。

乾草と牛の前に立つ島袋さん
（学生時代とは別人になった）

乾草作りの風景、伊江村の畜産農家の規模は
大きい（島袋さんの採草地ではない）

吉田陽子さん（本部町字大嘉陽、農業生産法人　株式会社もとぶ牧場）

訪問時に牧場の概要と畜舎を案内してくれたのは社長の右腕、経理部長の吉田陽子さん。創業時から現在に至るまで一貫して経営にタッチしてきた、いわゆるもとぶ牧場の歴史の生き証人である。

牛舎を案内してくれた吉田さん。牛舎の長さは100メートル以上もあり300頭以上が肥育されている。同様な畜舎が13棟もあり圧巻だ

創業は１９８９（平成元）年９月とのこと。26年経過している。現在、従業員は27名で２０３０頭の肥育牛と70頭の繁殖雌牛を世話している。特にもとぶ牛のこだわりについて訊いたところ、間髪を入れずに「餌」と答えた。ビール粕とトウモロコシを中心とした配合飼料を混ぜ、10日間ほど発酵させたオリジナルの発酵飼料を製造し与えている。これは繊維質に富んでいて消化にも良く、これを与えた牛肉は甘くて柔らかい肉質になる。１日当たりの発酵飼料製造能力は30トンとのこと。他には健康な母牛を育て、元気な子牛を生ませていることや、１頭１頭に愛情を注ぎ丁寧に個体管理を行っている。

2000頭余の牛の排泄物の量は半端ではない。
完熟させた後、販売する

このように大切に育てられたもとぶ牛は21カ月に達すると出荷の対象になり、90％が県外、残りの10％が県内のホテルや大手の食肉会社に引き取られる。これらの牛はコンテナに収容され、本部港からフェリーで鹿児島へ運ばれる。鹿児島の食肉センターで屠畜・解体・格付後、阪神方面へ出荷される。この輸送費は昨年度までは全て自前であったので経済的にもかなりの負担であったが、4月以降は1頭につき1万円の助成があり、大分助かっている。今後は「牛ウイルス性下痢・粘膜病（ＢＶＤ－ＭＤ）」などのワクチン接種の補助などの制度を待ちわびている。

もとぶ牧場では、「人と自然にやさしい」をテーマに環境に配慮した循環型農業のシステムを構築しており、牛糞はおが屑と混ぜて発酵させ完熟堆肥として多くの農家に利用されている。２０００頭以上の牛が排泄する糞尿の量は半端ではない。年間の有機堆肥生産量は４５００トンに上る。今や「もとぶ牛」として沖縄を代表するブランドに成長し、平成25度全畜連肉用牛枝共進会第2部黒毛和種去勢牛部門で農林水産大臣賞を受賞し、全国にその名を轟かせている。

山城善市さん(50)(山城畜産・うるま市石川山城)

「山城牛」のブランド名で県下にその名を馳せている。善市さんのお父様とはヤギのことでいろいろお世話になった。元々お父様が始めた肉用牛経営であるが、善市さんは1989(平成元)年に琉球大学畜産学科を卒業して以来、一貫して現在の仕事に携わっている。しばらくしてお父様は和牛経営一切を息子の善市さんに委譲し、自分は趣味のヤギに専念するようになった。が、残念ながらお父様は数年前に他界された。

以前は450頭ほどの肥育牛や繁殖牛を養っていた時期もあったが、現在は250頭の肥育牛のみとなっている。素牛《もとうし》は宮古・八重山などの離島から購入し、21カ月肥育したのち全て県内で販売している。ワラをはじめ粗飼料は外国産を購入し、配合飼料は県内産を使用している。朝は8時から夕方7時半まで次男と従業員の3人で250頭の牛の面倒を見ている。

毎月12頭をセリに出し、食肉センターで屠殺・解体・格付後に丸市ミートや西日本フードに引き渡

広い牛舎にて、山城善市さん

ゆったり反芻する牛たち

されるが、足りないほどである。

「山城牛」はデパートリウボウか、各地に散在するリウボウストアで購入することになる。リウボウグループ以外では「山城牛」のブランド名は使用できないシステムになっている。

善市さんは農学士の資格があり、牛飼いのプロとして25年以上の経験を積んでおり、一家言持っている。牛飼いの技術も日進月歩で常に情勢を分析しながら、素牛の導入や出荷などに配慮している。配合飼料の原料や粗飼料は全て輸入物に頼っているので、毎月価格の変動があり、その対策に頭を痛めている。

金嶺用和さん（64）（石垣市白保）

1970（昭和45）年に八重山農林高校畜産科を卒業した後、1973（昭和48）年までの3年間、母校で助手を務めた後、鯉渕学園畜産コースに進学した。同学園は全寮制で北海道から沖縄まで、将来、牛飼いを目指す若者らと貴重な共同生活を体験している。1976（昭和51）年に同学園を卒業と同時に帰郷し、農業のかたわら牛を飼っていた父親の手伝いをするようになったが、1979（昭和54）年、石垣市に設立された社団法人沖縄県肉用牛生産供給公社の技術員として採用された根っからの牛好きである。筆者もその年、初代の飼育係長として同公社に出向していたので、独身仲間として他の同僚とともに昼夜お付き合い

愛牛の前に立つ金嶺さん

自家製乾草を美味しそうに食む繁殖牛

をさせてもらった。

同公社には23年間勤務したが50歳で早期退職し、牛飼いの専業農家として現在は繁殖雌牛56頭を飼い、年間30頭ほどの子牛をセリに出している。これらの子牛は購買人により競り落とされ、主として関西方面へ出荷されていく。そこでしばらく肥育された後、やがて高級ブランド牛の松阪牛や神戸牛へ変身し、華々しく全国デビューすることになる。

知念幸真さん（67）（久米島町阿嘉）

5年に1回行われる和牛のオリンピックと称される全国和牛共進会に5回出品し、そのうち4回入賞を果たした知念さんの牛飼いの技術は素晴らしい。が、知念さんは少しもおごるところはなく常にひかえめな方であり好感が持てる。繁殖牛経営を行うようになってすでに40年以上になり、現在は110頭の繁殖牛を奥さんと息子さんの3人で経営している。大城獣医師のアドバイスを受け子牛の時から毎日ブラッシングとスキンシップを欠かすことはない。普通、牛は内股を触られると嫌がり蹴ったりするが、知念さんの牛は蹴るどころか、逆にブラッシングがやり易いように足を上げてくれる。これには筆者もビックリ。

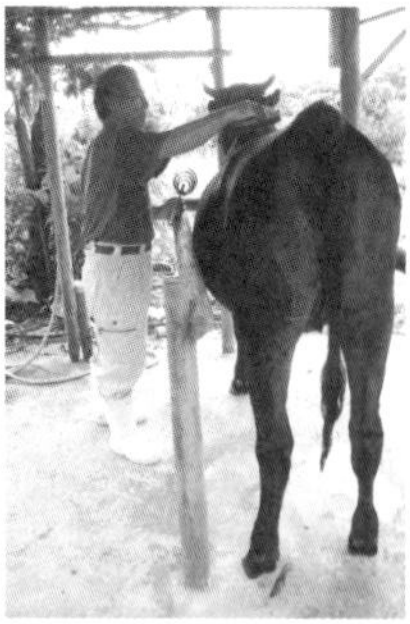

ブラッシングは
毎日欠かさない

知念さん、愛牛とともに

また、共進会では立った姿勢がいかに美しいかが審査の対象になるので、四肢の開き具合を調整するために成長に合わせた太さのプラスチックパイプで矯正している。

2カ月に1回、久米島で行われるセリには、毎回15頭ほど子牛を出品しているが、知念さんの子牛は高価で取引されている。

採草地は15ヘクタールを所有。トランスバーラーとギニアグラスを栽培し、ロールにして保管している。大城獣医師とは二人三脚で信頼関係は深い。2017(平成29)年、仙台で開催予定の全共に目標を定めて牛を育てている。活躍を期待したい。

二、牛の人工授精師

人工授精・人工授精師とは？

遺伝的に優秀な種雄牛から人為的に精液を採取し、希釈液で数頭分に希釈し、ストローに充填した後、マイナス196℃の液体窒素で保存する。これを発情期の雌牛の子宮に細い注入器を使って注入し、優秀な子牛を多数出産させる技術が人工授精であり、人工授精師はこれを円滑に行うための国家資格を与えられた技術者である。

川上政博さん（54）

1980（昭和55）年、宮古農林高校を卒業と同時に、沖縄県立農業大学校肉用牛コースに進学、1982（昭和57）年に同大学校を優秀な成績で卒業した。在学中に取得した牛の人工授精師免許をもって卒業と同時に出身地の宮古へ帰り、平良農協（現JA沖縄宮古支所）に人工授精師として採用され、21年間勤めた。牛好きの川上さんは農協に勤めながら、繁殖牛1頭を購入し、働きながら牛飼いを始める。現在は8頭の繁殖牛を飼いながら、人口授精師として活躍中である。当時の平良地区には約3500頭の牛が飼われていたが、川上さんは、その内の1200頭の人工授精をした実績がある。

しかしながら、対人関係やさまざまなしがらみの中で人口授精師として続けていくことに疑問を抱いた川上さんは、それまで市町村ごとにあった各農協がJAおきなわ宮古支所として再スタートするのを機に退職し、独立することとなった。

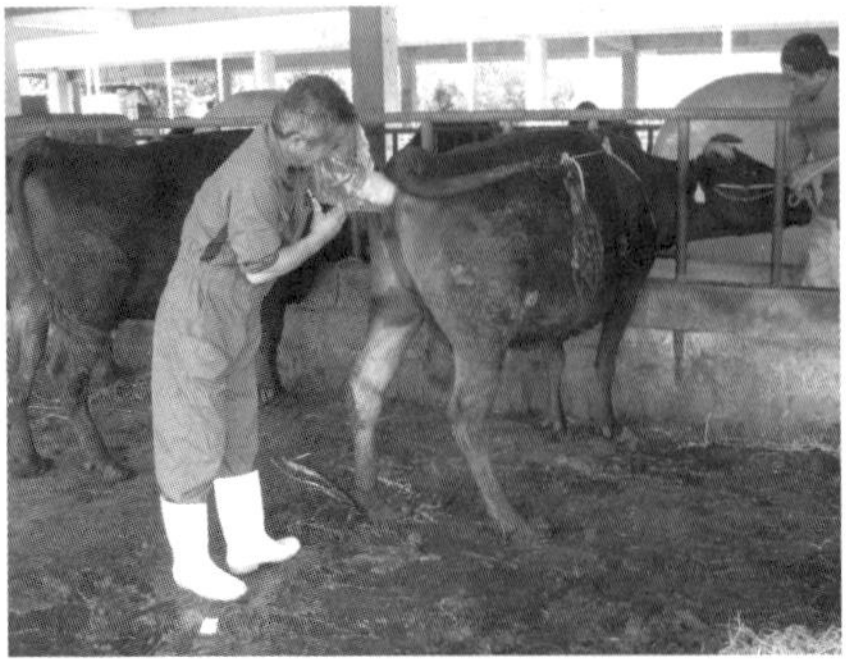

雌牛に人工授精を施す川上さん

が、牛を飼っている畜産農家の高齢化にともない、廃業者が続出し、川上さんの人工授精師としてのスタートは決して順風満帆ではなかったものの、持ち前のバイタリティーと明るさで危機を乗り越えてきた。

川上さんの長男・隆太君は2014（平成26）年4月から父親と同じ、県立農業大学校の肉用牛コースで勉学に勤しんでいる。親子二代にわたる牛の人口授精師として宮古の畜産振興のために活躍する日も近い。

三、牛の削蹄師

削蹄《さくてい》の意義

八重山郡を除く沖縄全域における牛の飼養形態はほとんど舎飼いである。牛舎から一歩も外に出ることのない牛の爪は伸び放題になる。そこで削蹄師の登場となる。伸び過ぎた蹄を切ることで、本来の蹄形を取り戻し、安定した立ち方ができるようになる。その結果、歩き方が改善され、余分なエネルギーの消耗を抑えることができる。また、負重の片寄りを防ぎ、苦痛を取り除くことによって蹄病の発生を予防することになる。削蹄によって肉用肥育牛の肥育成績が向上するという報告もある。このように伸びすぎた蹄を切ることによって牛のより良いコンディションが期待できる。まさに削蹄師は牛や農家にとって頼もしい助っ人である。

これまでセリ市場に出荷する場合、削蹄は必要なかったが、４月からは削蹄が義務づけられるようになった。

削蹄師とは

日本装削蹄師協会の認定牛削蹄師の資格には、2級、1級および指導級の三つのグレードがある。2級の資格は協会主催の2級牛削蹄認定講習会を受講し、認定試験に合格する必要がある。1級は2級の資格取得後4年以上経験した後、講習会受講後、認定試験に合格する必要があり、指導級になると2級取得後、9年以上経過した後、同様に講習会を受講し、認定試験に合格する必要がある。なんとも厳しい資格である。

久高唯志さん（61）

石川市（現うるま市）で父の代から牛を飼っており、牛が大好きな闘牛一家でもある。牛の蹄を削り、体型を整える削蹄師（指導級牛削蹄師）を生業としながら、県削蹄師会の副会長の重責を担っている。家族は牛好きな奥さん、長女の幸枝さん、長男や次女も子供のときから牛とともに生活をしてきたため、家族全員が牛好き一家である。長女の幸枝さんは保育士からフリーカメラマンになり、闘牛の写真集を出版している。長男の直也さんは唯志さんの後継者として削蹄師になり、親子二代で活躍中である。

後肢の削蹄

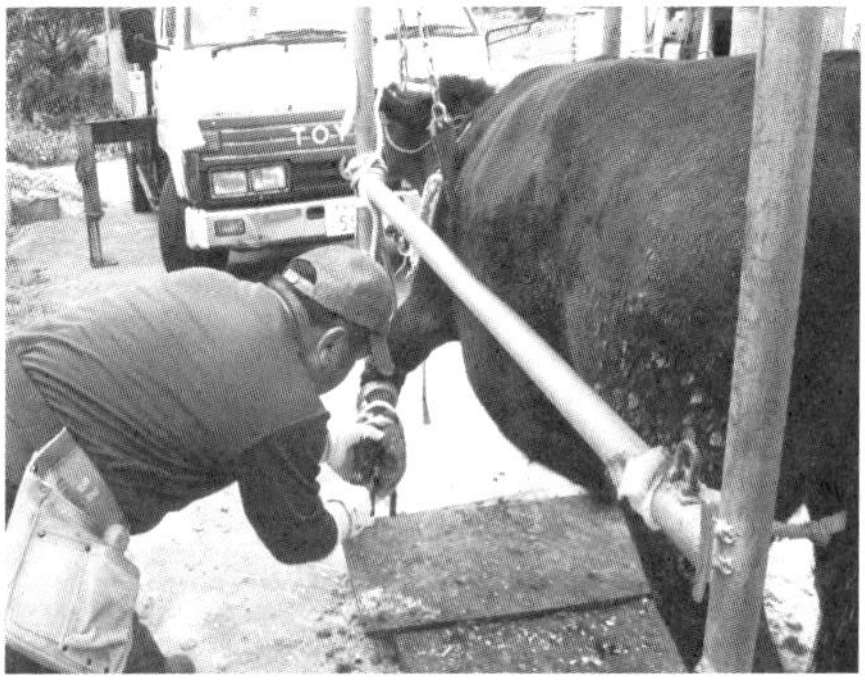

前肢の削蹄

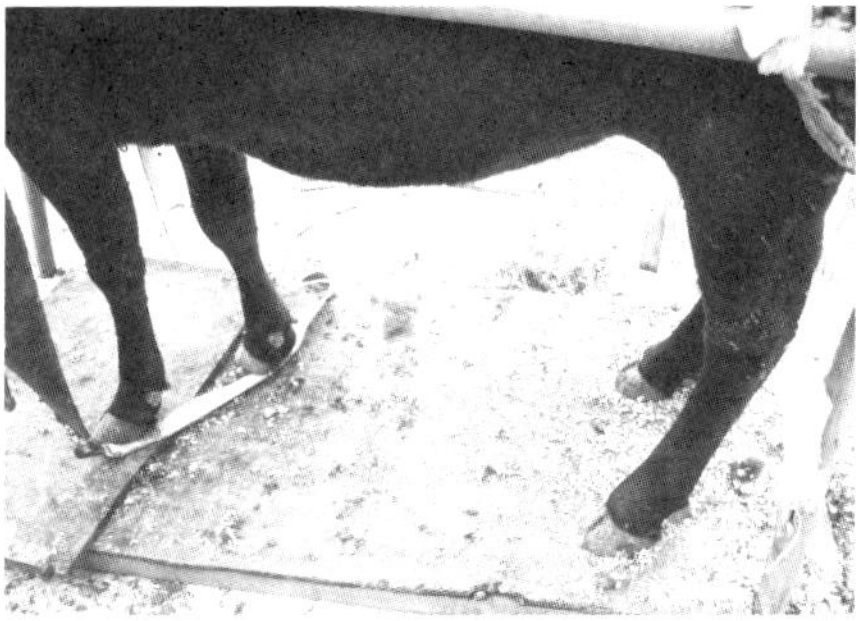

すっかり整った蹄はピタッと着地する

久高さんは石川高校の定時制を卒業した努力家である。昼は勤めながら夜間に勉学を続けることは並大抵のことではない。現在、繁殖牛6頭と育成牛3頭を飼いながら削蹄師して活躍中である。闘牛の専門家でもあり、これまでも有名な闘牛を育て上げてきた実績がある。

県内で牛の削蹄師として約150人ほどが講習を終了しているが、専業にしているのは10人ほどである。理由として、まだまだ畜産農家の理解が少なく、需要が少ないため結果として生業として成り立たないからである。技術者は常に技術を磨き、それを駆使し、農家に貢献するのが理想であるが、思うとおりにいかないのが久高さんの悩みである。

瑞慶山良雄さん（66）

具志川市（現うるま市）天願出身。具志川高校から琉球大学農学部畜産学科を卒業と同時に農連（現JAおきなわ）に就職。お父さんは㈱沖縄食糧に勤めながら、常時、牛、豚、山羊を飼養していた。兼業だったので子供達も当然小さい頃から、家畜の世話をするのは当たり前に育てられてきた。琉球大学の畜産学科に進学したのも自然の成り行きであった。

ＪＡ沖縄では主に畜産部に所属し、県有牛や農協有牛の購買に携わり、筆者も県畜産課時代は何度

右は瑞慶山さん、左は久高さん

かお世話になった。58歳で早期退職し、現在、うるま市石川の西山原で繁殖牛14頭、育成牛2頭を飼いながら県削蹄師会の会長の要職を兼ねている。会長に就任以来30年が経過している。

瑞慶山さんは根っからの牛好きで若いときは闘牛士としても活躍している。牛を扱わせては右に出るものはいないほどである。

また、瑞慶山さんは、県中部地区肉用牛生産協議会会長も務めているが、この度本島中部地区の沖縄市、うるま市、読谷村、西原町、嘉手納町、宜野湾市の6市町村の農家338人が、2014（平成26）年4月から「中部地区和牛改良組合」を設立し、組合長の要職に就く。和牛改良組合は県内8番目で、中部地区では初めてである。

四、獣医師

牛、馬、豚などの産業動物を対象とする獣医師、犬、ネコなどのペットを相手にする動物病院の獣医師、あるいは動物園で象、キリン、ライオンなどの野生動物を対象にする獣医師、また、医療や新薬の開発のために不可欠なサル、マウス、ラットなどの実験動物を相手にする獣医師がさまざまな分野で活躍している。

他にも安全で安心な食肉を確保するために、屠畜場における牛、豚、山羊などの検査を行う屠畜検査員や食鳥処理場で鶏やアヒルの検査を行う食鳥検査員がそれぞれのポジションで目を光らせている。さらに外国から輸入される食肉や食品などのモニター検査により、不良食品の国内への侵入を防止するための衛生監視員としての獣医師が日夜厳しいチェックを行っている。

獣医師の仕事は多岐にわたっているが、ここでは主として牛にかかわる獣医師を紹介する。

大城周英さん（70）（久米島町）

大城さんは1968（昭和43）年に麻布獣医科大学を卒業と同時に、故郷の久米島仲里村の畜産指

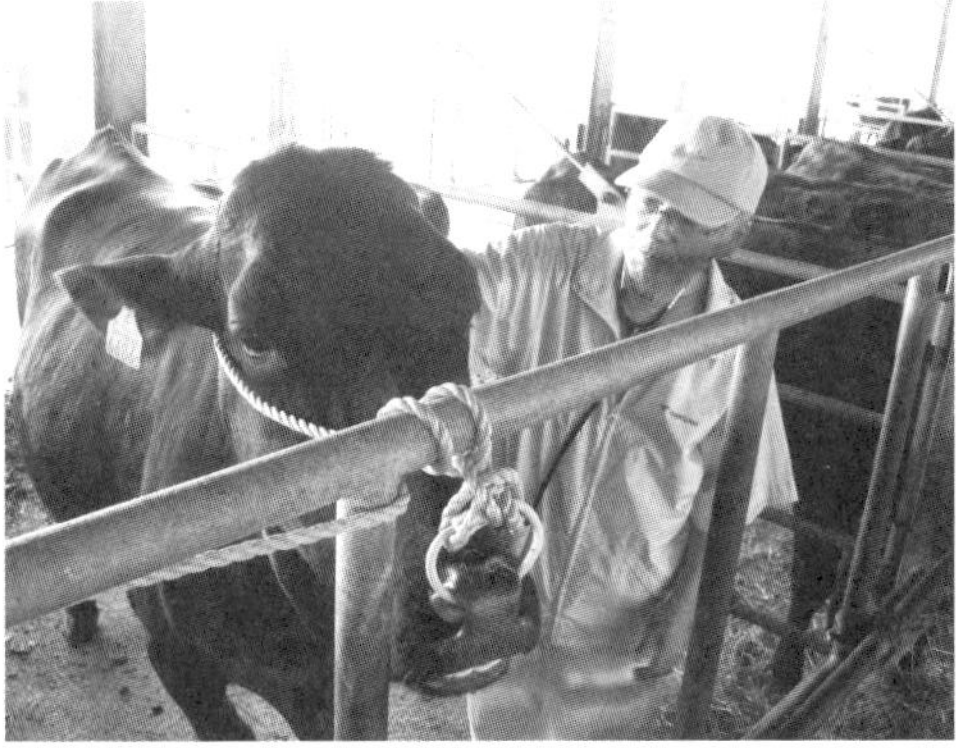

真剣な眼差しで牛の診療を行う大城獣医師

導員を拝命、本土復帰時に一時期県職員に身分移管するが村からの要請で2カ月で仲里村の職員となり、以後一貫して仲里村を中心に久米島全域の畜産農家の経営、飼育、繁殖、衛生指導及び診療業務に携わるとともに家畜共進会を活発化させ、特に和牛の品種改良に尽力した。また、大城さんは久米島における家畜市場の開設をいち早く提唱し、その実現に大きく寄与した。

このように大城さんの永年の指導と農家の努力が実り、今や久米島牛の名声は全国的に高まり、和牛のオリンピックと称される全国和牛共進会には沖縄県を代表して出場する常連にまで成長した。大城さんは獣医師として誠心誠意、農家のために尽力し、農家からの信頼も厚く親しまれている。2005（平成17）年に村役場を退職後も診療所を開設し、活躍している頼もしい獣医さんである。その人柄が認められ、沖縄県農業共済組合連合会会長表彰、全国和牛登録協会会長表彰、日本獣医師会会長感謝状などの表彰を受けている。

五、団体関連

波平克也さん（58）（公益財団法人沖縄県畜産振興公社　専務理事）

沖縄県の畜産農家は総じて経営規模が小さく、地理的ハンディーなどで対外競争力が乏しいことから畜産農家の保護育成を図るため、県議会や市町村長等各界からの要請を受け、当公社は１９７６（昭和51）年3月に設立された。

波平克也さん

主な業務として家畜及び畜産物の価格安定対策、生産振興、流通合理化、生産性向上及び家畜防疫に関する事業等さまざまな施策を実施している。その結果、畜産業及び関連産業の健全な発展を促すことにつながり、衛生的で安全な畜産物を安定した価格で提供し、県民の食生活の向上に寄与している。

特に肉用牛に関しては、子牛価格が下落した場合に生産者に補給金を支給する制度、肥育経営農家の経営基盤の安定を図るための事業、家畜市場で取引された離島の子牛に対する奨励金の交付、畜産共進会、県産食肉消費拡大事業等々を幅広く取り組んでおり、肉用牛農家の応援団として頼もしい存在である。

また、老朽化した宮古及び八重山の両食肉センターを衛生的かつ近代的な施設に改築・整備を行い、牛専用飼料製造施設の整備や部分肉加工施設の整備等のハード面の整備にも力を入れている。

これからも引き続き関係機関と連携を図りながら、県内の肉用牛農家の経営安定に寄与するための施策を総合的に実施していきたい、と、波平克也さん（元県畜産課長）は抱負を述べてくれた。

鉢嶺健二さん（64）（公益社団法人沖縄県家畜改良協会　専務理事）

人は結婚すると婚姻届や子供が生まれると出生届を役所に提出し、その旨が戸籍抄本に記載される仕組みになっている。家畜の場合は優良な血統を保存普及し、遺伝的形質の改良と能力の向上を図るため、肉用牛、乳用牛、豚、山羊及び馬の登録を実施し、これらの家畜の改良に努めている。ここでは主として黒毛和種について鉢嶺専務に語ってもらった。

当協会は1957（昭和32）年3月に社団法人沖縄県家畜登録協会として設立され、1972（昭和47）年5月の本土復帰にともない農林大臣から家畜登録団体として認可され、継続して事業を展開してきた。1976（昭和51）年4月1日より、各家畜の登録団体と一体化するために定款の一部改正を行い、名称も社団法人沖縄県家畜改良協会に改め、さらに2013（平成25）年4月1日から公益社団法人沖縄県家畜改良協会として現在に至っている。

業務内容は、黒毛和種の改良と登録の意義を認める生産農家からの申し込みにより、検査員が現地に赴き登録を実施している。証明書には純粋種であることを示す血統、生年月日、個体識別番号等が記載されており、その血統の持つ能力を統計学的手法により数値化し、黒毛和種の改良増殖に重要な役割を果たしている。面白いのは牛の個体識別には鼻紋（人間の指紋同様同じものはない）のスタンプが貼付されることである。

会員は、北は伊平屋島から南は与那国島まで広範囲に散在しているが、県内どこでも同様な登録検査が厳正且つ円滑に行われている。

鉢嶺専務はこれからも農家のために黒毛和種を中心に乳用牛、豚、山羊、馬の改良を推進するとともに県全体のレベルアップを図っていきたい、と柔和な笑顔で抱負を述べてくれた。

鉢嶺健二さん

コーヒーブレイク　6杯目

黒島の牛まつり

黒島はハート型で面積10・02平方キロメートル、島の周囲が12・62キロメートル、人口が200名余の小さな島であるが、牛は約3000頭も放牧されており、島全体が牧場といってもいいほどである。石垣島からは高速艇で30分ほどの距離にある。

港では牧草ロールが歓迎

会場は老若男女で大賑わい

2014年2月23日（日）、「小さな島から見いだす大きな可能性」をテーマに第22回黒島牛まつりが、多目的広場で開催された。島内外から約4000人（主催者発表）が訪れ、牛との綱引きや牛1頭が当たる抽選会など多彩なイベントを満喫した。牛との綱引きは1チーム5人で5組が体重790キロ、雄のホルスタイン雑種に挑戦したが、雄牛の圧倒的な力に5チームとも全く歯が立たず完敗した。

民謡、ライブなどのイベントも多数準備されており、大人はステーキ、モモ焼、牛丼、牛汁、牛そば、牛コロッケなど牛肉料理に舌鼓を打ちながらビールや泡盛を呑み、子供たちは、たこ焼き、焼そば、かき氷などを頬張りながら家族連れで1日中楽しんだ。

当日、準備した牛は全部で6頭、そのうち肉になり参加者の胃袋に納まったのは5頭で、1頭は抽選会の景品として用意された。ちなみに今年の当選者は京

このコーナーは長蛇の列

牛汁は大鍋で

大迫力のモモ焼き

牛との綱引き

都から参加した男性だった。「当たったのは嬉しいが、どうしたものか。家族と相談して決めたい」と話していた（2014年2月24日付『八重山毎日新聞』参照）。

ここまで黒島の牛まつりが発展してきたのは、関係者の並々ならぬ努力や苦労があったからこそである。例えば、島中の牛にオウシマダニが寄生し、そのダニが媒介する牛の法定伝染病であるピロプラズマ病やアナプラズマ病が常在していた。ダニの吸血による削痩やダニ撲滅のための定期的な薬浴に加え、県外への出荷時には薬浴証明書が必携で、その手間や申請手数料の負担は小さくなかった。また、黒島全体がサンゴ礁の厚い岩盤でできており、表土が浅く牧草栽培には不適であったが、草地開発事業等により土地改良が行われ立派な草地に生まれ変わった。このような先人の労苦があってこそ、現在の牛の隆盛がある。

先人の努力を紹介するコーナー、牛の種類、生理、牛肉についての知識、家畜保健衛生所の紹介など、工夫を凝らした展示も必要であろう。

第三章　牛から牛肉へ

一、さまざまな検査を経て食肉へ

1、安全性の徹底

安全かつ品質良好な食肉の生産は、健康な牛の飼育から始まる。そのため農林水産省や都道府県の家畜保健衛生所の家畜防疫員（主として獣医師）の役目は重要である。業務は、家畜伝染病予防法や飼料安全法などの法令に基づき、畜舎などにおける家畜や家禽の疾病予防や衛生的な飼育管理の徹底に努めている。例えばまだ記憶に新しいが、数年前に宮崎県で口蹄疫が発生した際に、テレビで白装束に身を包み牛や豚の処分や畜舎や車両などの消毒をする場面を記憶している方は多いと思われるが、彼らが家畜防疫員と呼ばれる技術者である。

一方、屠畜場と食鳥処理場における食肉検査と、食肉の流通や販売過程における安全、衛生の確保は、厚生労働省並びに都道府県の食肉衛生検査所や保健所の屠畜検査員、さらに食鳥検査員や食品衛生監視員のそれぞれが、屠畜場法、食鳥検査法、食品衛生法などに基づいて厳しい食肉検査や食肉販売店への立ち入り検査を行っている。

他方、輸入食肉は農林水産省の家畜防疫官と厚生労働省の食品衛生監視員がそれぞれの法律に基づいて水際での検査などを行っている。

2、県産牛の屠畜検査

生産者は健康な牛を出荷するが、中には病気治療中のもの、あるいは輸送中に発病したものなどが混じっている可能性がある。これらは当然、食用には適していないので、こうした牛を見つけだし、排除するのが屠畜検査であり、法律に基づいて行われる。本島内には沖縄県食肉センターと名護市食肉センターの2カ所、宮古島市と石垣市および与那国町と久米島町にそれぞれ1ヵ所ずつ屠畜場が設置されている。

牛の屠畜検査は「生体検査」「解体前検査」「解体後検査」の3段階で行われ、一頭ごとに病気の有無を検査していく。生体検査は屠畜検査の直前に屠畜検査申請書や獣医師の診断書をチェックした後、望診（動作、姿勢、栄養状態などを診ること）、触診（皮膚や被毛の状況、体温などを触って診ること）などの臨床検査を行う。この検査によって健康な牛と病気の疑いのある牛に分けられる。

生体検査に合格した牛は暴れないように枠場に繋留され、スタンガンで瞬時に安楽死させた後、後肢をフックにかけ逆さに吊るし包丁で頸部から放血する。全身の血液は全て除去され、次いで皮を剥ぐために剥皮専用台に載せら、四肢から包丁をいれ皮を剥ぎ、再びフックに吊るされる。

専門の職人により瞬く間に皮が剥がされる。内臓を除去した後、屠体は半丸（2分割）にされ、検査員により枝肉検査にふされる。並行して内臓が取り出される。内臓は肉眼により検査が行われ、さらに必要に応じて血液や検体を採取して精密検査にふされ、食用に適するものと適さないものに区別される。内臓は心臓や肺のような赤い臓器と胃腸のような白い臓器に別々のバットに載せられ手際よく検査にふされる。食用に適するものには合格印が押され、適さないものは廃棄される。

ＢＳＥ（牛海綿状脳症＝狂牛病）は別の検査員により、１頭、１頭脳から検体を取り出され、精密検査にふされる。

それぞれのポジションを担当する検査員によって枝肉も慎重に検査される。食用に適するものには合格検印が押され、適さないものは廃棄される。

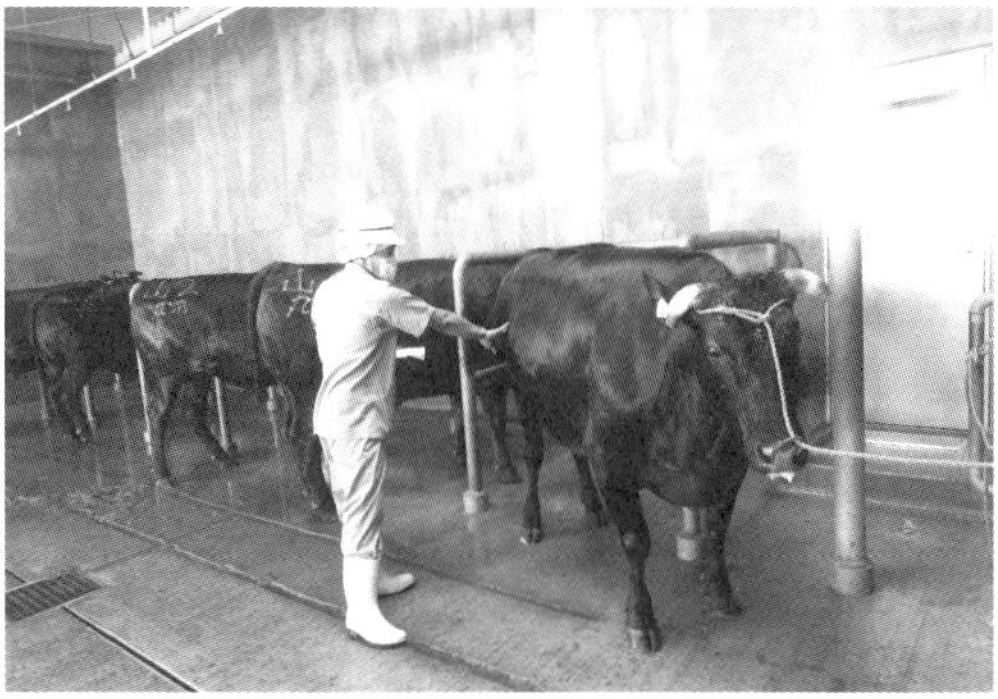

1、入念に生体検査を行う検査員

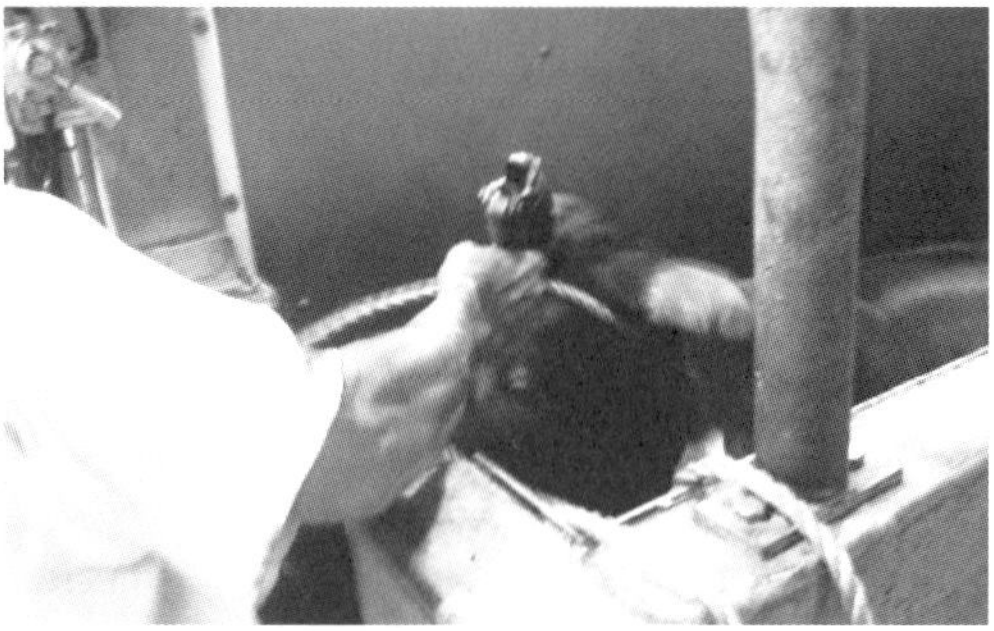

2、スタンガンで安楽死させる

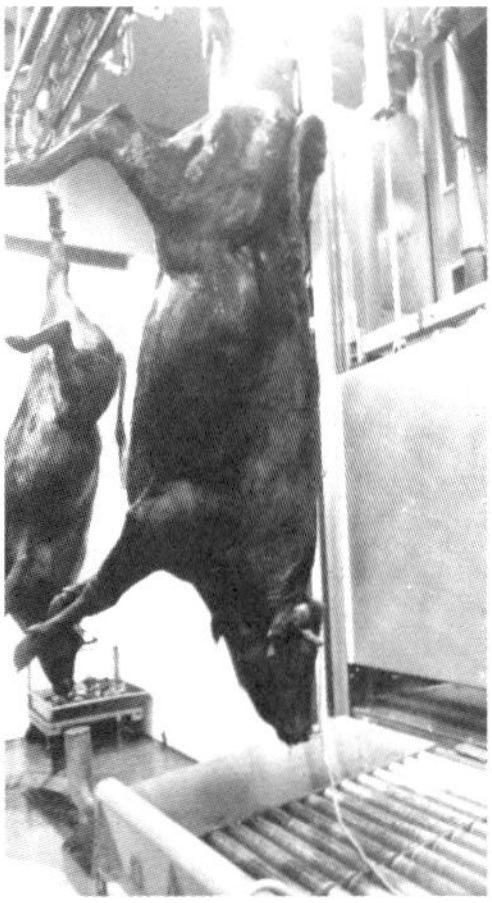

3、フックに吊るされ放血

4、放血後、
専用台に載せられる

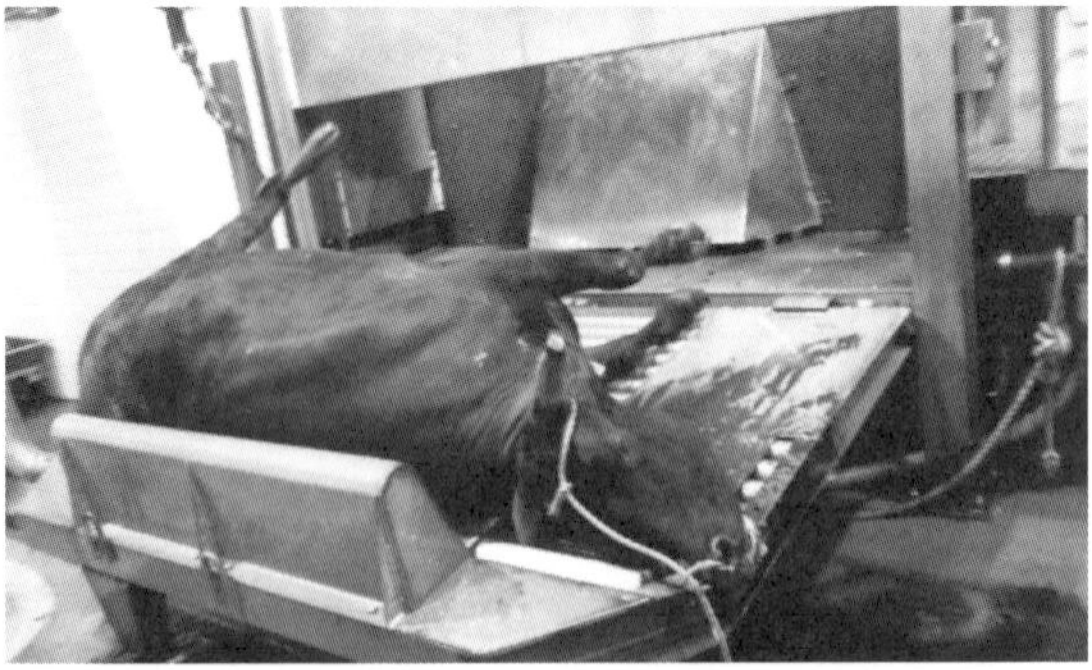

5、専門の職人により
皮が剥がれる

6、屠体は専用の鋸で
2分割される

7、腎臓、枝肉を検査し、脊髄を除去する

8、内臓を取り出す

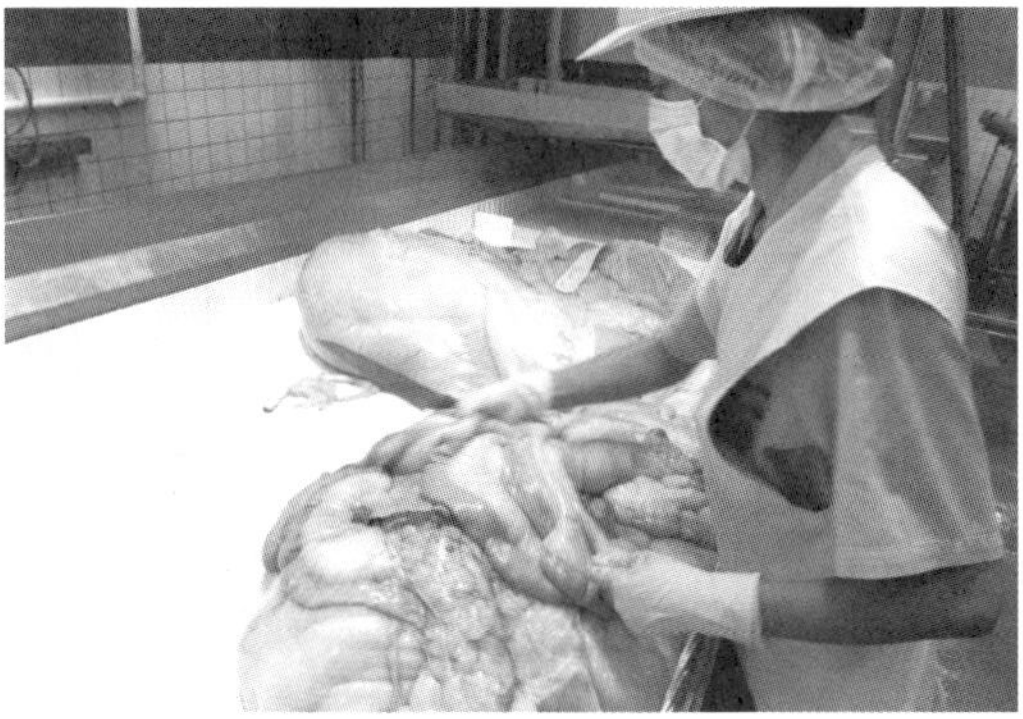

9、1頭ごとに内臓を検査する検査員

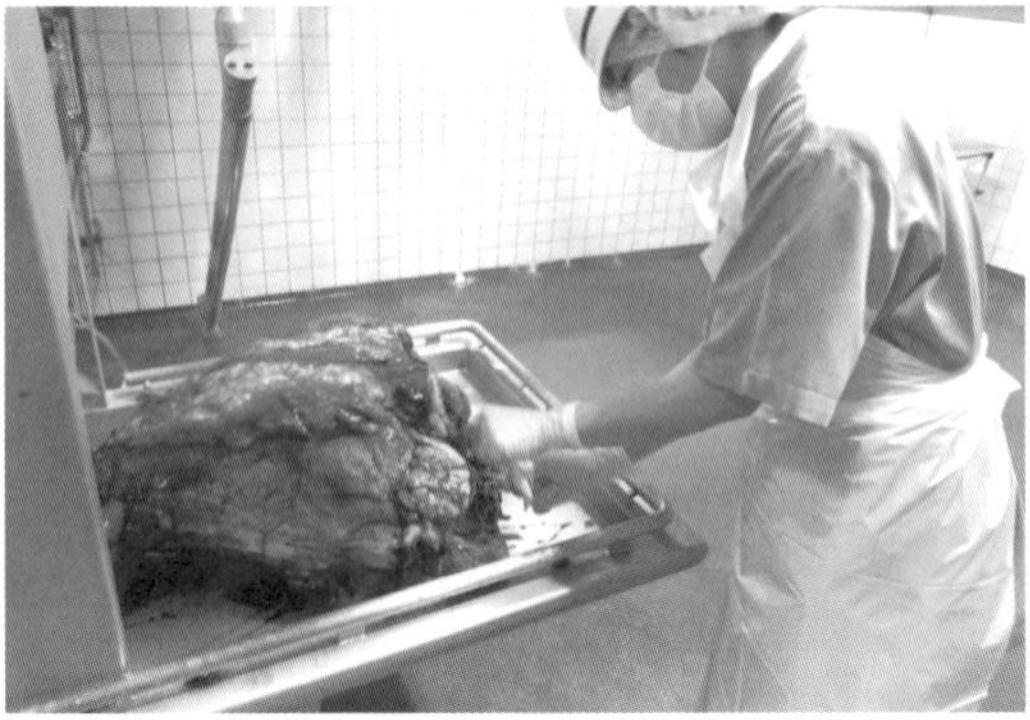

10、ＢＳＥの検査のために脳から採材

11、検査員により検印が押される

12、楕円形の検印（牛用）

二、価格と美味しさを決める格付

公益社団法人日本食肉格付協会という組織がある。そこから全国の屠畜場に格付員を派遣し、歩留まり等級と肉質等級を判定し、格付を行っている。個人差が出ないように2人1組で判定するという念の入れ方である。この格付制度は「同じ品質のものは全国どこでも同水準の価格で取引されるのが原則である」という考え方である。

格付には四つのスケールがある。

1、ロース芯の面積を測るスケール
2、脂肪交雑の基準となるBMSを判定する12段階のシリコン樹脂製の見本
3、肉の色を判定する七段階色見本
4、脂肪の色を判定する7段階の色見本

食肉センターの冷蔵室の中で、第6肋骨と第7肋骨間を切り開いた部位を懐中電灯で照らしながらの判定である。

格付が高い牛肉ほどサシが細かい。サシとは筋肉の中の脂肪組織であり、その模様が霜降り状を呈している。英語では大理石の模様に見立て、マーブルと呼んでいる。

一般に脂肪組織は筋肉組織より柔らかいので、サシが入ると柔らかく感じる。さらの脂肪は口の中で唾液腺を刺激して唾液の分泌を促進させるので、ジューシーに感じることから、格付と美味しさは相関関係にあると考えられている。

歩留まり等級	肉質等級				
	5	4	3	2	1
A	A5	A4	A3	A2	A1
B	B5	B4	B3	B2	B1
C	C5	C4	C3	C2	C1

歩留まり等級と肉質等級の関係：公益社団法人中央畜産会「和牛」パンフレット参照

平成 26 年県畜産共進会　枝肉部門

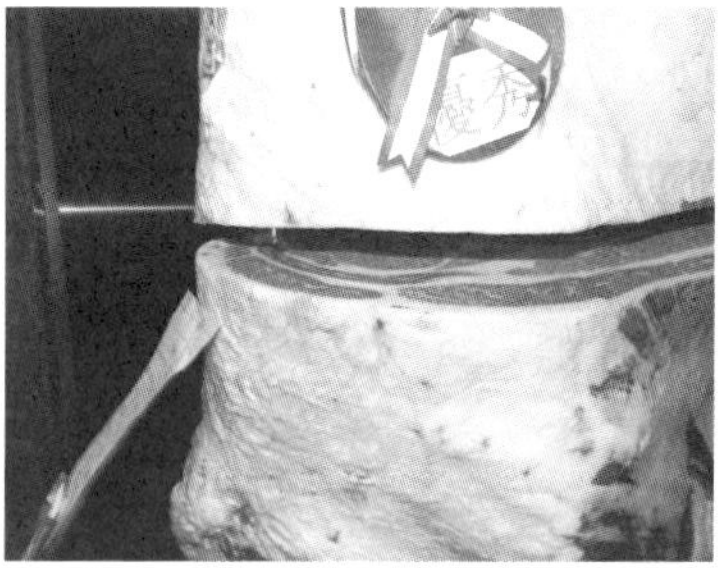

第 6、第 7 肋骨間の切断面で判定

審査結果を説明する

1、宮古牛

海鮮悟空（宮古島市字下里246）

●宮古牛ステーキ単品（サーロイン、5000円）
和牛のステーキは滅多に口にすることはできないが、ここではリーズナブルな値段で味わうことができる。等級4～5のサシが入った肉は見た目は豪華であるが、かなり脂肪がのっており多くは食べられない。ひと切れ口にすると一瞬じわっと油が口中に広がる。柔らかくて和牛独特の甘みと旨みが感じられるが、脂肪が勝っておりステーキにすると重い。

きれいなサシが入ったサーロイン

出来上がりのサーロインステーキ

●宮古牛サラダ（480円）
キュウリ、パプリカ、セリ、レタスなどの野菜の上に、薄くスライスした牛肉をしゃぶしゃぶにしてトッピングした宮古牛サラダ。ゴマダレと相まって絶品なサラダに仕上がっている。値段も良心的。

サラダになる前の宮古牛の肉

サラダになった宮古牛の肉

●宮古牛のにぎり（一貫 250 円）
今や和牛のにぎりはポピュラーになっているが、宮古牛のにぎりは絶品。
炙ってあるので油が抜けており、寿司飯と相まって美味しい。

高級感あふれる舟盛りのにぎり

●宮古牛のアルミホイル包み焼き
店長がサービスしてくれた一品。
薄くスライスした宮古牛で白ネギを巻き、アルミホイルで包み焼いたもの。
砂糖醤油で味付けし、酒の肴にもご飯のおかずとしても最高。

ホイルを開くといい香りが漂ってくる

2、　伊江牛

御休憩処　島の駅（伊江村字東江上 500）

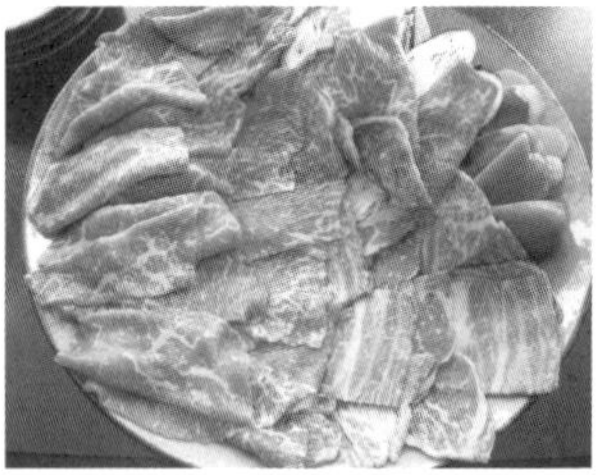

ボリュームのある焼肉セット

●伊江牛焼肉（3 ～ 4 人前）
　ライス付　4500 円

教え子が３名集まってくれたので、値段もリーズナブルな焼肉を注文した。皆、車で来ているのでアルコール抜き。それなしでも焼肉は食欲をそそる。

　昔話に花を咲かせながら食べる焼肉は格別だ。サシの入りは今いちで２～１の等級と思われる。やや硬いが、和牛らしいまろやかな味と食欲をそそる香りと肉色がいい。

湯気が立ち上り美味しそう

●牛汁　800 円（単品）

牛肉の塊と胃や腸の内臓、大根、ニンジン、モヤシ、ニラなどが入った伝統的な島料理。スープは味噌仕立て、エキスがたっぷり溶け出し、口に含むと全身の活力がみなぎってくるようだ。

●伊江牛カレー　700 円

カレー好きな筆者にとっては食べないわけにはいかない一品。ビーフカレーの醍醐味はやはり牛肉の数だ。これはかなりサービスされている。カレーと牛肉が渾然一体となって舌を喜ばす。

伊江牛の塊がゴロゴロ

3、もとぶ牛

焼肉もとぶ牧場（本部町字大浜 881-1）

●サーロインステーキ

150g 5000 円、200g 6000 円、250g 7000 円となっている。他にも食べたいものがあったので、200g を注文した。

適度のサシが入ったピンクのサーロインは見るからに食欲をそそる。コックが目の前の鉄板で焼いてくれるので、そのパフォーマンスも味に加わる。肉にほのかな甘みがあり、ソフトな和牛独特の歯応えは素晴らしい。

●モモステーキ

150 g 2200 円、200 g 3700 円の 2 種類。サーロインと食べ比べるために 200 g を注文した。サーロインと比べると色沢はやや濃い目。しっかりした噛み応えは牛肉らしく、噛めば口中に和牛の旨みが広がる。

手さばきも見事

左がサーロイン、右がモモステーキ

●もとぶそば　650 円

トッピングは甘辛く煮付けた小ぶりの牛肉 3 枚、薬味のネギと紅ショウガが彩りを添える。そば処の本部だけにもちもち感があり美味しい。スープのダシは豚骨とカツオ節で、透明感がありあっさり味ながら、そばや具とのハーモニーはいい。

4、石垣牛

石垣牛炭火焼肉専門店
石垣屋（石垣市真栄里）

風情のある伝統的な赤瓦と樹齢300年を超す吉野杉を使った立派な建物は、高級な石垣牛を食べるにふさわしい店構えをしている。石垣ケーブルテレビに呼ばれ講演をした夜、安田社長に案内され、炭火焼肉専門店で、滅多に味わえない素晴らしい石垣牛を堪能した。

●サーロインステーキ
見事なサシが入ったA5クラスのサーロインステーキ（店ではそう呼んでいる）。

備長炭で焼いたそれは特製のタレを少しつけて口に入れると濃厚な肉汁が口腔内にじわっと広がり、芳香と旨みが織り成すハーモニーは石垣牛ならではの醍醐味。

横綱クラスのサーロインステーキ

備長炭で焼くと部屋中いい匂いが漂う

●特上ロースと特上バラの組み合わせ
これに車えび、センマイ、腸が加わる。それぞれが一級品だけあって、いずれも新鮮で柔らかくさっぱりしているがコクがあり旨さが後を引く。

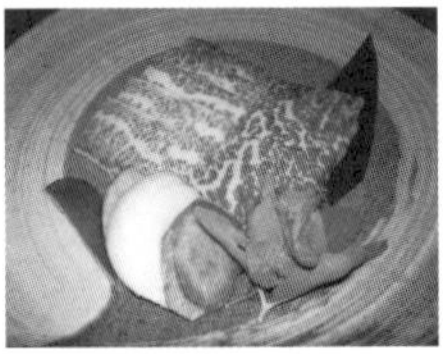
彩りも美しい特上ロースと特上バラ

タレは塩、コチュジャン、特製醤油の３種あるが、注文してワサビ醤油でいただいた。これは脳天を突き抜けるほど旨い。

●石垣牛の握り
獣臭が一切感じられない、くせのない特上ロースが素晴らしい。月並みの表現だが口に入れるとまさにとろけるという表現しかないくらい柔らかくて旨い。石垣島に行ったら是非味わってもらいたい一品。

見た目も美しい石垣牛の握り

●ヒレステーキ
最後に出てきたヒレは、サシが十分に入り見るからに美味しそうであるが、期待に違わず舌を満足させてくれた。これだとまだまだいけると思わせるところが心憎い。

美味しいものを食べ過ぎると後が怖い。お後がよろしいようで。

特上クラスのヒレが１人２枚あて

炭火で炙ったヒレは箸で切れる

宮城国太郎さん一家の楽しい焼き肉風景

焼肉蔵の窯（那覇市壷屋）

●和牛焼肉（3～4人前）
パンフレットの謳い文句には「A4ランクの黒毛和牛が食べ放題！2980円（120分税別）。美しいサシがたっぷり入った肉は、口に入れた瞬間に溶けるように柔らかく繊細で芳醇な味わい」とある。

それならば入ってみようと宮城国太郎さん一家をお誘いして楽しいひと時を過ごした。

国太郎さんは筆者が公務員最後の勤務場所となった中央食肉衛生検査所所長時代の職員で、いまでも親しくお付き合いさせてもらっている。

焼肉は子供たちにとっても大好物

焼肉は子供が大好きな食べ物の一つで、その日も食べ放題の焼肉と飲み物、カレー、デザートなどを嬉しそうに頬張っていた。

こうして食べる一家団欒の焼肉も和気あいあいとして楽しいものである。

牛肉は偉い。

我が家のスキヤキパーティー

しゃぶしゃぶ亭（那覇市新都心）

美味しそうに盛られた牛肉

2780円＋500円で牛肉と豚肉の食い放題が楽しめる。思慮分別が十分に働く年齢に達しているのにも関わらず、ついつい食べ過ぎて、膨れた腹をさすりながらひたすら後悔を繰り返す性懲りのない初老である。今回も家内、長男、長女を伴ってお邪魔した。二人一組でしゃぶしゃぶとスキヤキを注文した。久しぶりのスキヤキとしゃぶしゃぶで食欲は相変わらず旺盛だ。

スキヤキ

牛肉のしゃぶしゃぶ

鍋が温まる間でのつなぎはサラダ。これも食べ放題だ。もともとアルコールは飲めないのでソフトドリンクを頼む。

スキヤキ鍋にはすでに割り下が準備され、牛肉の登場を待つのみ。卵を割って先ず牛肉をつつく。醤油と砂糖で味付けされた割り下でご飯が進む。隣のおしどり鍋で牛肉をしゃぶしゃぶし、ゴマダレで頂く。それぞれのよさを堪能する。

またまた食べ過ぎを後悔。いくつになっても懲りないガチマヤー（食いしん坊）である。

スキヤキをつつく娘と息子

ホテルのブッフェでローストビーフ

沖縄かりゆしアーバンリゾート那覇（那覇市泊）

「ローストビーフ、握り寿司、揚げたて天ぷら、和食、洋食、中華料理やスィーツ・ソフトドリンク等70種類が食べ放題」の広告に、生来の食い意地が、プレミアムディナー ブッフェ（大人3300円）に向かわせた。

取材を兼ねた今回の目的はローストビーフを味わうことだったので重点的にそれに集中した。が、いくら食べ放題といえ、初老の男が何回も通うのはみっともない。で､合間合間に和食や中華をはさむ。

ローストしたビーフを切り分けるコック

時々息子にお願いしてローストビーフを取ってきてもらうが、さすがに息子もしまいには気が引けたようで取りに行くのを嫌がった。

ロース塊の外側はややウェルダンに､中はまだ赤みが残るレアーで、見た目も食欲をそそる。

絹のような柔らかいビーフはジューシーでほのかな甘みがあり、呑む込むのが惜しいほどだ。やはりホテルの焼きたてのローストビーフは旨い。

最近、ステーキはワサビ醤油で食べるが、ローストビーフもこれでなかなかいける。痛風が出ないのは親に感謝しなければならない。

ウチナーグチ（沖縄語）で口カラドゥシーライーン（災いは口から）といわれるが、懲りない初老の男は今日も後悔。

第四章　老舗ステーキ店探訪

一、ステーキレストランの出現

沖縄県民が、いつ頃からステーキを食べるようになったのか、という疑問を解くために沖縄市のパークアベニューで「チャーリー多幸寿」を経営する勝田直志さん（取材当時87歳）を訪ねた。

勝田直志さん、チャーリー多幸寿の店頭にて

パークアベニューは嘉手納基地のゲートからほど近く、かつてはセンター通りと呼ばれ、キャバレー、バー、レストランなどが建ち並び、怪しげなネオンの下に、厚化粧をした女性がたむろし、基地から出てきた米兵がひと時の癒しを求めて集う、今では見られない刺激的で喧騒的な街だった。

半世紀以上にわたってこの街を見続けてきた勝田さん以外に沖縄におけるステーキの始まりを語れる人はいないと信じていた。

勝田さんは、現在は鹿児島県の所轄になっている大島郡喜界島の出身であるが、そこはかつて琉球政府の管轄下にあったため、

元山嘉志富さん

喜界島から呼び寄せた従業員たち。
写真提供：元山富枝さん

太平洋戦争後間もない頃、多くの大島出身の方々が、勝田さん同様、職を求めて沖縄へやってきた。その契機となったのはこれから紹介する２人である。

最初に紹介するのは前田貞輔さん（明治39年生まれ）。前田さんは勝田さんと同郷で、１９２５（大正14）年に渡米するが、太平洋戦争の敗北にともない１９４６（昭和21）年に帰国し、一旦は喜界島へ戻るが、職を求めて再び１９４９（昭和24）年に沖縄本島へ移住してくる。前田さんは１９５０（昭和25）年７月、越来村（現沖縄市）に八重島特飲街が出現すると同時に米兵相手のステーキレストランを開業した。おそらくこれが沖縄におけるステーキレストランの第1号店だろう、と勝田さんは話す。

一方、元山嘉志富さんも喜界島出身で、米国に滞在していたが、１９４１（昭和16）年、太平洋戦争勃発にともない帰国し、１９５１（昭和26）年に越来村（現沖縄市）照屋で同郷から使用人を呼び寄せ、ステーキレストランを開業することとなった。これが沖縄におけるステーキ店の第2号と思われる、と勝田さんは述べている。が、筆者が２０１４（平成26）年12月に喜界島を訪れ、元山さんの三女（佐藤八重子さん・72）と四女（元山富枝さん・69）に直接お会いし話を伺ったところ、元山さんのレストランのほうが先であったとする証言を得たものの、真相はわからない。

また、元山さんは照屋の本店以外にコザ十字路から知花向け、吉原入口の近くに2号店を、次いで諸見大通りに3号店を開設している。時あたかも朝鮮戦争特需。好景気に沸く当時の世相を反映するかのような繁盛ぶりである。

だが、前田さんや元山さんらのステーキレストランはあくまで米兵相手であり、この時点では沖縄県民にとってステーキはまだまだ高嶺の花だった。B円時代の1ドルはかなりの価値があったことを筆者らの世代はよく覚えている。ニューヨークステーキ（リブロース）は「ワンダラーステーキ」と呼ばれていたことからも分かるように、ステーキはかなりのステータスであった。

また、当時はマクドナルドやケンタッキーフライドチキン、シェイキーズなどのいわゆるファストフード店がまだ沖縄に進出してない時期で、ステーキやハンバーガーは飛ぶように売れたそうである。

二、ステーキレストランの創設

既述した通り、沖縄におけるステーキレストランの創業者である前田さんと元山さんは、勝田さんと同郷の喜界島の出身。そのよしみもあり勝田さんは八重島の前田さんの店で働くことになる。また、その後元山さんの店には大島から来ていた、徳富、星野、長田さんらが加わることになる。後に彼らはそれぞれ独立し、徳富さんはセンター通り、星野さんは諸見大通り、長田さんは嘉手納で開業することとなる。いわば沖縄のステーキ店は奇しくも大島郡喜界島出身の方々に暖簾分けし広まっていったこと、そしてそれぞれの店名はいずれも「ニューヨークレストラン」という特筆すべきことが解った。

星野嘉文さん

一方、前田さんの下で働いていた勝田さんの日課は、八重島から胡屋まで自転車、そこからは4～5名でフォードやシボレーの乗り合い白タクをチャーターし、那覇まで食材を買い付けに行くことであった。運賃は1人当たり1ドルであった。現在のように食肉卸業者が毎日配達するわけでは

ゴーストタウン化した八重島特飲街。
写真提供：沖縄市総務課市史編集担当

なく、自分で食材を調達しなければならない時代であった。当時はまだ冷蔵庫や冷凍庫が普及してなく、また屠殺される牛の頭数も限られており、毎日、牛肉を早めに手に入れる必要に迫られていた。帰路は購入した牛肉、ジャガイモ、タマネギなどを担いで、バスを利用したとのこと。大変だったことがしのばれる。

また、当時は燃料用のガスが普及しておらず、薪が一般的だった。トラックで山原《ヤンバル》から運ばれてくる薪を購入し、キッチンの傍に並べるのも重要な仕事であった。薪を燃やすと煤《すす》が出るので、年2回のキッチンのペンキ塗りは欠かせない任務だった。

さて、前田さんがステーキ店を開業した八重島という街は、朝鮮戦争の軍需景気に沸く1950（昭和25）年頃に忽然と現れ、数年で忽然と消えたという表現がピタリ当てはまる不思議な街であった。同じ頃、県下には八重島と同様な特飲街が嘉手納、普天間、小禄、吉原、真栄原などに出現した。八重島は風紀の乱れや性病などの蔓延のため1953（昭和28）年にオフリミッツになり、米兵は出入

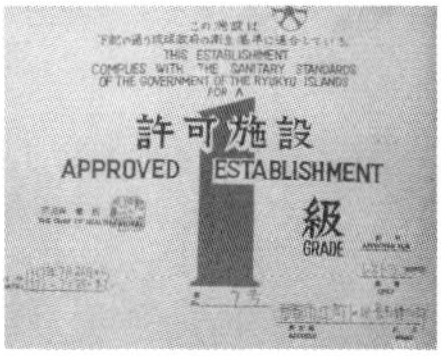

保健所長が許可した一級施設の証明書

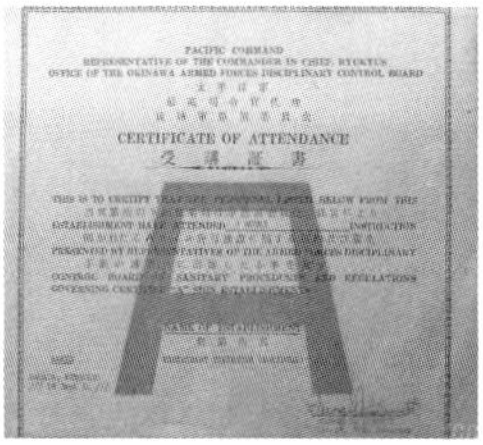

保健所長発行のＡサイン

米国民政府が許可したＡサイン

りが禁止された。

　米兵が出入りする、当時の風俗営業および飲食店営業の衛生基準は非常に厳しく、１級はＡサイン、２級は一般飲食店に区分され、さらに、Ａサインでも赤はレストラン、青はクラブ、黒は食肉やウイスキーなどの販売店に分けられていた。週に１回、米軍の衛生係官の検査の他に抜き打ち検査もあり厳しくチェックされた。30点ほどの検査項目があり、５点以上の不適があると許可が取り消されるという厳しいものであったが、１９５３（昭和28）年頃にはさらに厳格になり、営業所は木造では許可されず、必ず鉄筋コンクリートでトイレは男女別に設置が義務付けられるとともに、水周りは総てタイル張りというものであった。食器は洗浄だけではなく、カゴに入れて熱湯で消毒することが義務付けられ、自然乾燥させる決まりになっていた。布巾で拭くと付菌につながると想定してのことである。

　厳しい基準に合致するように造られた営業施設は清潔で衛生的であり、衛生基準に関しては本土より沖縄の方が先進的であった。

元山さんが開業したニューヨークレストランの
1号店。越来村（現・沖縄市）照屋にあった。
写真提供：元山富枝さん

元山さんの2号店と思われる。
写真提供：サムズバイザシー

諸見大通りにあった元山さんの3号店。写真提供：元山富枝さん

嘉手納にあった長田さんの店。看板とシボレーが印象的
写真提供：ジャッキーステーキハウス

1950 年代、旧センター通り（現パークアベニュー）の
徳富さんの店舗。写真提供：沖縄市総務課市史編集担当

星野さん経営のニューヨークレストランの外観と店内。
A サインマークが印象的。諸見大通り。
写真提供：星野嘉一郎氏

三、ステーキレストランの老舗

1、還暦を迎えたジャッキーステーキハウス

筆者が琉球政府に採用されたのは、本土復帰3年前の１９６９（昭和44）年であった。辞令には「琉球政府厚生局那覇保健所久米島支所勤務を命じる」とあった。本所は那覇にあったので出張で帰ると上司に挨拶に伺うのが常であった。上司はそのたびに、辻のジャッキーステーキハウスにステーキを食べに連れて行ってくれた。当時、ステーキはそれほどご馳走だった。

ジャッキー創設者の長田忠彦さん（１９９６年没）は、元山さんの「ニューヨークレストラン」からの暖簾分けで、１９５３（昭和28）年、ニューヨークレストランを嘉手納に開店した。２０１３（平成25）年は開業から60年の「還暦」に当たる、めでたい年であった。

そのめでたい還暦を記念するメッセージには、

嘉手納から那覇の辻、辻から西町へと移転してきて、お客様も米兵相手から地元・観光客へと変り、

創業者の長田忠彦さん。辻店の前で

辻へ移転したころの
メニューを持つ、
代表者の藤浪睦子さん

競合するステーキの店の増加や狂牛病、牛肉の価格高騰など、時代の変化にともなう苦しい時を乗り越えてここまで来ることができました。今の私達があるのは、「ニューヨークレストラン」の走りである叔父に始まり父と一緒に店を支えてくれた従業員、業者様、そして時代は変わっても変らない愛情を持って通い続けてくれたお客様、皆様のおかげだと思っています。

との一文が記されている。

筆者は創業者の長田忠彦さんをよく覚えている。創業時のことについて直接、本人から訊きたかったのであるが、残念ながら今は故人となられ、その願いは叶えられなかった。

現在、店は長田さんの長女の藤浪睦子さん（写真）がオーナーを引き継いでおり、藤浪さんから当時の話を聞くことができた。だが、その時はこれから述べる人の縁について知る由もなかった。全く不思議な出会いであった。

ボリューム満点の
ニューヨークステーキ

一番売れ筋の
テンダーロインステーキ

先に沖縄におけるステーキハウスの創業者のことを述べたが、そのうちの一人である元山嘉志富さんの四女、富枝さんが、なんと筆者の小学校および中学校の同期生であること、また元山さんの愛弟子の星野嘉文さんの長男、嘉一郎君は、中学、高校の同期生と判明した。なんとも不思議な縁である。藤浪さんは筆者よりも2歳年下であるが、嘉一郎君らとは小さい頃から兄弟のような付き合いをしてきた。2人とも現在は県外に住んでいるが、那覇にくると必ずジャッキーに立ち寄るそうである。

横道にそれてしまった。話を戻そう。長田さんが経営する嘉手納のニューヨークレストランは繁盛していたが、読谷など嘉手納近郊の基地が縮小されたのに伴い、米兵の客入りが悪くなってきた。そのため1961（昭和36）年に那覇市辻へ移転することになった。これを機会に店名を長田さんと親しかった米兵の愛称をとって「ジャッキー」に改名した。

日本復帰当時のメニューは、「ジョウトー　ステーキ　サンドイッチ

50セント（235円）」「チーズバーガー　45セント（200円）」「テンダーロインステーキ（大）1ドル50セント（700円）、（小）1ドル（450円）」などとなっている。ドルと円が併記されている珍しいメニューだ。

復帰を境に客は沖縄の人たちが中心となる。具志堅用高さんやプロゴルファーの宮里藍さん、兄の聖志さん、優作さんらも常連客とのこと。

2、憧れのピザハウス

現在の国道58号は本土復帰前は「1号線」と呼ばれていた。初代のピザハウスは、58号を那覇向けに大山を過ぎて間もなく右側に、一際目立つ瀟洒《しょうしゃ》な赤白まだらのトンガリ帽子のようなテントと鬱蒼《うっそう》と茂ったブーゲンビレアが印象的な店だった。駐車場にはいつも外車が並び。まるで映画に出てくるようなリゾート地のレストランのような華やかな雰囲気があった。

その後、1988（昭和63）年に旧米国総領事館跡地の浦添市城間に移転するが、ここも盛業中ながら道路拡張により立ち退きになり、数年前に取り壊され、今は跡形もない。ここはスペイン風の瀟洒な建物が目についた。

さて、店名は「ピザハウス」であるが、ここのステーキはつとに有名だった。ピザハウス創業者の伊田耕三会長を訪ね、ステーキレストラン開業にいたる経緯をインタビューした。伊田会長は1926（大正15）年生まれというから84歳になられる（取材当時）。創業者独特の風格と威厳を保っている。徳之島出身で太平洋戦争直後、福岡県春日米空軍基地内の将校クラブの通訳として励む傍ら料理を覚え、飲食業へ入るきっかけになったという変わり種だ。その時にメキシコ人のコック長直伝のタコスの作り方を教わった。それから沖縄に移り、ピザハウスの前身となるメキシカン料理店「リンダズダイナー」を1952（昭和27）年に、越来村（現沖縄市）に突如として出現した八重島（通称裏町）で開業し、沖縄初のタコスやステーキを売り出す。

当時、沖縄には民間のレストランがほとんどなく店は大繁盛。伊田さんは毎朝5時起きでコザから那覇までバスで食材の買い出しに出かけるのが日課で、帰ってきてからはコック長兼小使いで睡眠時間は4時間ほどであったという。店は繁盛していたが身体がもたず店を閉める。

その後、1958（昭和33）年に沖縄市諸見に、アメリカでブームになっていたピザを店名に採り入れ、基地外では県内で初めてとなるピザを売り出した。もちろんステーキやタコスも人気メニューであったが、復帰前は米軍人や外国人商社マンらが家族と食事を楽しんだり、商談やパーティーに利用するのが主で、客のほとんどは外国人であった。

昔のメニューを見ながら話す
伊田会長

大山時代のピザハウス。
写真提供：ピザハウス

城間時代のピザハウス。写真提供：ピザハウス

翌１９５９（昭和34）年に宜野湾市大山に移転し、約30年間営業するが、復帰前における客の80％は外国人であった。

当時のステーキのサイズは、Ｂ１が２００グラム、Ｂ２が３００グラムとかなりビッグサイズであった。ちなみに現在はＢ１が１５０グラム、Ｂ２が２００グラムである。当時から米国産牛がメインでたまに豪州産牛が入るが、肉質は米国産に比べるとかなり落ちたと話す。テンダーロインステーキにベーコンを巻いたり、伊勢海老とのコンビネーションステーキは人気があり材料の仕入れが間に合わないほどだったという。

伊田会長は今でも商品開発のため、年1～2回は海外へ出かける。以前アメリカで食べたローストビーフの旨さに感動し、自分の店でも出すようになったとのこと。

ピザハウスにおいても、沖縄県民が普通にステーキを食べるようになったのは、昭和40年代になってからであろうと伊田会長は話す。

3、外国資本のサムズグループが沖縄進出

SAM'Sプロフィールによると、おおむね次のように記されている。

1950年の朝鮮戦争勃発にともない、沖縄には多くの米軍人がアメリカ本国から派遣されていた。また当時、米国籍のノースウエストなどの国際線の乗り入れもあり、アメリカ人クルーやビジネスマンも多く滞在していたので、基地以外にもアメリカの雰囲気が必要だと感じたサムズはアメリカンスタイルのレストランの創設を決意した。その第1号店として普天間にコーヒーショップ「プッシーキャッツ ドライブイン レストラン」を開設した。沖縄で生活するアメリカ人らのホームシックの解

消に一役かった。その後、コーヒーショップは沖縄初の鉄板焼きステーキハウス・サムズアンカーインに生まれ変わった。サムズアンカーインの業績はこれだけではなく、今では珍しくなくなったが、「トロピカルドリンク」を日本で最初に導入したのもサムズであり、また店舗の入り口に配した「ガストーチ」も当初は斬新なものであった。

沖縄県の経済も１９６０年代に入ると次第に発展を遂げ、観光業も盛んとなり、観光客はステーキなどの国際的な食事に慣れ親しむようになってきた。

激動する現代社会で、目覚しい発展を遂げたサムズは、３００人を超える国際的なスタッフを携えてチェーン店展開をするに至った。これまで30万人以上のお客様に美味しい料理とフレンドリーなサービスを提供してきた。そして世界各地から新鮮なシーフードを入手する「ジェットフレッシュシステム」を編み出し、さらに発展を遂げている。

サムズアンカーイン、サムズバイザシー、サムズマウイ、サムズカフェはサムズグループの一員である。

ところで、泡瀬ヨットハーバーに隣接するサムズバイザシーに、１９３１（昭和６）年生まれのマドンナが現役でウエイトレスを務めている。多くのお客様から信頼を得ている知念安子さん（取材当

永遠のマドンナ
知念さん

時79歳）を訪ねた。事前にマネージャーのアポをとっていた。程なくして現れた安子さんはセーラー服に身を包んだなかなかチャーミングな女性であった。

安子さんは石川高校を卒業と同時に軍へ就職した。当時の給料は40ドルだったというからかなり高給取りだった。その中から30ドルは家に入れたとのこと。孝行娘であった。

23歳のとき職場結婚で退職し、しばらく主婦業に専念していたが、40歳になってサムズバイザシーが泡瀬に開店することになり就職した。長く勤めていた安子さんも２０１３（平成25）年5月に83歳で退職したようである。長い間お疲れ様でした。

サムズバイザシーが現在の場所に完成したのは１９７３（昭和48）年11月のことであるが、隣にあったコンセット葺きの建物で営業を始めたのが同年5月であった。当時は雨漏りなどで大変だったようである。安子さんは持ち前のサービス精神と英語が堪能だったことでウエイトレスとして活躍することになった。当初はアメリカ人が主だったが、しばらくして本土からの観光客が5割ほどを占めるようになったが、沖縄の人はまだ少数であった。

サムズバイザシーへのアプローチ

オマールエビとフィレステーキ

スペアリブとフィレステーキ

4、まだまだ現役・ハイウェイドライブインのシェフ

国道330号の沖縄市胡屋からコザ十字路を過ぎ、うるま市平良川方面へ向かうと、間もなく「洋服の青山」の看板が見えてくる。「ハイウェイドライブイン」はその手前にある。忙しい時間帯にインタビューを申し込むのは失礼なので、午後3時にアポをとった。遅れては失礼なので2時半には店に入った。が、その時はあくまでも客として入店しており、筆者がインタビュアーとは店の人は知る由もない。で、ニューヨークステーキを注文した。

すでに2時半を過ぎているが、席は8割方埋まっていて、なかなかの盛況ぶりである。店は長男に任せ、オーナーの仲宗根さんは火曜日と水曜日の週2回のみ店のお手伝いをするようだ。

創業は復帰の年、1972（昭和47）年であるから満40年（取材当時）になる。やはり地域ではなかなかの評判の店のようである。

オーナーの仲宗根長助さん（取材当時75歳）は1936（昭和11）年生まれ。南洋群島のロタ島で出生、9歳の頃、沖縄へ引き揚げてきた。18歳の時に嘉手納基地内の将校クラブのメスホール（簡易食堂）に勤める。昼勤と夜勤の2交代制で、初任給はB円の20円だった。そこで15年ほど勤めたが、後に退役軍人施設であったリージョンクラブに勤めるようになった。

右側がオーナーの仲宗根長助さん

国道330号沿いの店舗

ニューヨークステーキ

１９６７（昭和42）年から68（昭和43）年にかけて、当時のステーキは２００グラム１ドルだったが、なんと１日１０００枚ものステーキを焼く日もあったそうだ。その準備に１週間を要したとのこと。

仲宗根さんのように、復帰前、基地内のレストランやメスホールに勤めていた方々が退職後、そこで身につけた技術を生かしてレストランなどを創業するケースも多かった。

（株）ジミー（Jimmy's）の創業者・稲嶺盛保さんも基地のメスホールで働き、その後独立したが、米兵にジミーと呼ばれていたことから、店名に使っている。玉城村（現南城市）のチャーリーレストランの創業者である山入端宏政さん（故人）も基地のレストランで技術を修得し、

チャーリーステーキ
（2020円）

南城市でひときわ目立つ
チャーリーレストラン

基地内のレストランで働い
ていた頃の山入端さん

後に独立した方である。「チャーリー」の名前の由来は、基地内での山入端さんの愛称であった。

　このように沖縄のステーキレストランは、基地内のレストランやメスホールで調理に携わって技術を修得した方々による創業と、先述したような鹿児島県大島郡喜界島出身者の呼び寄せによってニューヨークレストランで修行し、のちに暖簾分けとして独立していった店という、二つの大きな潮流がある。

5、沖縄初のドライブインレストラン、シーサイドドライブイン

嘉手納からヤンバルへ向かう旧道途中の恩納村仲泊にある老舗のシーサイドドライブイン。1967（昭和42）年創業というから、かなり古い。ドライブインと称するレストランの第1号店である。観光客や多くの県民も利用したことがあると思う。

筆者は北部に在任中、豊見城村（現豊見城市）から毎日名護まで通勤していたが、途中必ず休憩を兼ねて朝食にホットドッグを食べていた。ここは那覇と名護のほぼ中間に位置し、休憩地としては格好の場所にある。

オーナーの大城保三さんは1932（昭和7）年生まれだが、元気バリバリだ。大城さんは北部農林高校の出身で、30代の頃は冷蔵庫や冷凍庫の販売をやっていたので、アメリカ製の電化製品の仕入のためにサンフランシスコへたびたび出かけていた。そこで見た車社会のアメリカで広々とした駐車場を備えたドライブインを見て、これは沖縄でも間違いなく当たると直感したという。

当初はA&Wの共同経営を進めていたが、後に現在の場所で独自でドライブインを建設することになった。集落から離れたところに、今では考えられないほどの大きな駐車場を造り、果たしてうまく

シーサイドドライブインのステーキ

現在のシーサイドドライブイン

いくかどうか疑問視する声が多かったようだ。しかし、大方の予想を裏切り開店当初から客はひっきりなしに訪れた。大城さんは経済人として先見の目があったようである。

ステーキは１００ｇ、１５０ｇ、２００ｇ、２５０ｇの４種類があったが価格は覚えていないという。このドライブインは創立当時からウチナーンチュが８割以上を占めていたと話す。ステーキも結構食べられていたわけだ。大城さんご本人はコックではないので厨房には忙しい時にのみ、お手伝いで入っただけであった。名刺にはホテルみゆきビーチ、みゆきハマバルリゾート、高原ゴルフクラブ等の会長、と記されている。

最近、食に関する本以外読まなくなったが、吉村昭著『味を追う旅』の「沖縄のビフテキ」のタイトルに惹かれて読んだ。それには、夢に近い食べ物の副題がついている。氏は１９２７（昭和２）年、東京生まれ。１９５２（昭和27）年頃の東京におけるステーキのことと、

１９８０（昭和55）年頃の沖縄におけるステーキのこと、牛肉に関する事情がわかりやすく述べられている。長くなるが引用させていただきたい。

終戦後、しばらくしてから板のようにかたい牛肉をナイフとフォークで何度か食べたことはあるが、栄養にはなると感じただけで、うまいと思ったことはなかった。

生まれて初めてビフテキらしいものに出会ったのは、昭和27年頃であった。人に誘われ、銀座のスエヒロに入った。

目の前に、ジュージュー音のする牛肉が運ばれてきた。バターがとけて、肉の上から皿に流れおちている。馬鈴薯の揚げたものも添えられていた。その折の印象は、限りない豊かさであった。これほど部厚く柔らかい肉を、自分一人で食べてもよいのか、とさえ感じた。終戦直後のすさまじい食糧枯渇から考えると夢に近い食物に思えた。年々食糧事情もよくなってきていたが、お金さえ払えば、このようなものものまで自由に食べられるような時代になったのか、という感慨にもひたった。

ビフテキはうまかった。このように満ち足りた味を備えた食物は、他にないだろうと、と感嘆した。

その後に、「９００円で満腹する」のエッセーが続く。時は１９８０年代初期と思われる。沖縄にて。

（前略）その夜、ビフテキ専門店へ案内された。氏に高価なビフテキをご馳走になるのは悪いと思ったが、店に入ってメニューを見、その安さに驚いた。いくらであったか忘れたが、東京の３分の１ぐらいの値段であったと思う。（中略）安さの原因は、沖縄県民が食べる牛肉の90パーセントから95パーセントが、主としてオーストラリア、ニュージーランドから輸入されているものだからという（昭和52年5月から関税はだいたいほ《ママ》んどなみになっている）。また、本土とちがって流通経路が非常に簡素であるために、中間マージンがあまりつけ加えられることなく、消費者の手にわたるからだともいう。

那覇市に来たのは、今回で4度目だが、早速、昼食にビフテキを食べることにした。

那覇市内にはビフテキ専門店が多いが、殊に波の上には店が集まっている。地元の人にきくと、どの店のビフテキの味も値段も同じだというので、その一つに入ってみた。

メニューが壁に貼ってあるが、あらためて安いのに驚いた。テンダーロインステーキの大は２５０グラム、中２００グラム、小１５０グラムの量で、大が１３００円、中１１００円、小９００円とある。

（中略）

さて、９００円のビフテキだが、美味とはいえぬものの、決してまずくはない。西部劇のジョン・ウェインが食べるようなにくと言ったらいいかも知れない。

私はビフテキを食べながら壁のメニューに眼をむけていたが、妙な事に気づいた。オリオンビールの中瓶1本が、450円。すると、2本分で150グラムのビフテキのセットと同じ価格になる。

東京と那覇市におけるステーキの値段を紹介した名文である。オリオンビールの中瓶2本が150グラムのステーキと同じ値段であることに驚くと同時に、本土へのお土産にはステーキ用の牛肉が一番、と太鼓判を押している。

筆者も公務員時代、農林省（当時）の役人が来島すると、一度はステーキ店へ案内し、お土産にはステーキ用の牛肉を準備したものである、当時の世相がしのばれる。

コーヒーブレイク　7杯目

ブラジルのシュラスコとアルゼンチンのアサード

26年前にブラジルを訪れ、シュラスコ（牛肉の串焼き）を食べたことがある。だが、そのスケールの大きさに圧倒され、味など全く覚えていない。

今回の取材はそれを味わい、しっかりメモすることが目的だったので、緊張しながらも味わった。しかしながら写真のようなかっこいいユニフォームに身を包んだボーイたちが「いかがですか」とひっきりなしにテーブルを回ってくるので、彼らをカメラに収めるだけでも大変だ。

各テーブルには表が赤、裏が青のカードが準備されている。青は「もっと食べたいのでテーブルに寄ってくれ」の合図。赤は「もう腹いっぱいなのでお断り」の合図。なかなか合理的なアイデアだ。

牛だけではなく豚やチキンなどの肉の他にもソーセージなどの種類も豊富に準備されている。さらに牛は腿、臀部、ロース、ヒレなどの各部位の肉が味わえ

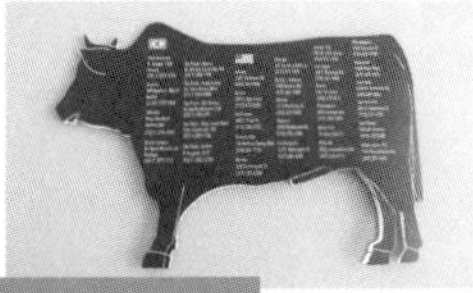

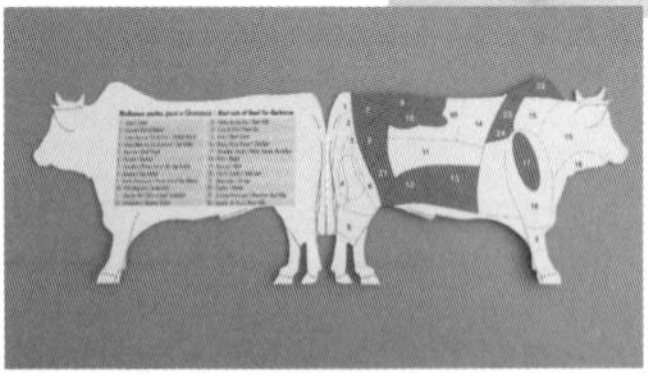

牛の各部位のリーフレット。
開くと判り易く説明されている

肉の種類や牛肉の部位の説明書

る。その説明書が右下の写真である。

味付けは岩塩と胡椒のみ。塩がたっぷり振られているので、日本人の舌にはかなり塩辛く感じられ、注文のときに表面を削った内側を頼むほどであった。

青草主体の放牧牛であるので、肉質はかなり手ごわい。顎はかなり疲れるが、牛肉らしく腹いっぱい食べられる。

ブラジルはかなりインフレで物価は高い。一人200レアル（約1万円）もする高級シュラスコ店である。映画俳優や有名人の御用達でもある（アンガス・サンパウロ）。

日本では、牛肉は高価な食肉であるが、ブラジルやアルゼンチンでは主食に匹敵すほどで毎日食されてい

さまざまな部位のビーフ、ポーク、チキンやソーセージ等を持ったボーイがテーブルを回る

炭火でじっくり焼かれる

ダイナミックな牛のソーキ

る。アルゼンチンでは、焼肉、バーベキューのことを「アサード」という。

穀物を多給された和牛だとかなり筋間に脂肪がのる。いわゆるサシが入るという状態で、柔らかく噛まずに飲み込めるほどであるが、多くは食べられない。

逆にブラジルの牛肉は脂肪交雑はほとんどなく、かなり歯ごたえがあり、飲み込むまでに苦労するが毎日食するのには適している。

沖縄でもシュラスコが牛肉の新しい食べ方として普及するのを期待している。

おわりに

沖縄の在来牛とはいえども、みてきたとおり、大陸を経由して入ってきたと考えられている。時代によって沖縄にはさまざまな種類の牛が導入され、在来牛はそれによって改良が加えられ、世界に冠たる肉用種である黒毛和種に落ち着いた。このことは当然の帰結であったと思われるが、長期間にわたる在来牛の改良を推進してきた、行政関係者、技術者、研究者等による日々の研鑽、農家への普及啓発等の努力のたまものであり、それなくして現在の和牛の隆盛を見るには至らなかったであろう。

改良の途中で施政権者の指導に紆余曲折はあったが、その困難を乗り越え農家とともに肉用牛の改良に努めてこられた関係者に対し、このページを拝借し敬意を表する次第である。

ＴＰＰ（環太平洋連携協定）交渉は現段階ではどのようになるのか、先は全く読めないが、本書が発刊される頃には結果が出ていると思われる。いずれにしても我が国や本県の農業および畜産への影響は必至であろう。今後の和牛の健闘に期待したい。

私見であるが本来草食動物である牛に、穀物を多給し意図的にメタボ（肥満体）の牛に仕上げる現在の和牛の飼い方およびサシによる牛肉の評価に対し疑問をもっている。これは肥満と生活習慣病が問題になっている県民にとっても他人ごとではない。さらに、爆発的な人口増加で将来食糧難になると予想されているなかで、人と競合する穀物の多給には賛同しかねる。とはいえ、やはり和牛の肉は柔らかくて美味しい。毎日食べるわけではなく、年に数回の機会であれば、今のままでもいいという意見も多い。確かにしゃぶしゃぶやスキヤキにして食べる和牛肉は絶品である。たくさん食べたいときには国産牛肉や輸入牛肉にし、ちょっと贅沢をしたいときには和牛肉にするなどの工夫をすればいいのかもしれない。

今後とも沖縄のステーキは多くの県民に受け入れられていくのは間違いない。また、年間一千万人以上の入域観光客数を期待する声もあり、非日常を求めて沖縄を訪れる観光客には、ぜひとも沖縄産の和牛肉を味わってほしいものである。

ところで、本書は順調にいけば、3年ほど前に日の目を見る予定であったが、今に至った。その原因は、原稿を記憶させていたUSBメモリーの保管場所を失念してしまったからである。どこを探しても見つからない。さらに悪いことは重なるもので、同時期にパソコンも空中分解したため、万事休すの状態であった。ところが拾う神もあり、今年になって身辺整理していた折、プリントアウトした原稿が見つかり、あらためて入力し直し、ここに至った。

結びに、忙しい最中に快くインタビューに応じていただいた方々、また、第一章の「沖縄の牛を知る」では、『沖縄県農林水産行政史　第5巻』第二部「肉用牛」から多くのことを引用させていただいた。執筆者の久貝徳三氏にはこの場を借りて厚く御礼申し上げたい。

刊行を引き受けて下さったボーダーインクの宮城正勝社長はじめ、編集に際し適切なアドバイスを賜った担当の喜納えりかさんには心より感謝の意を表する次第である。

2015（平成27）年3月吉日

平川宗隆

主な参考文献

安里嗣淳「沖縄グスク時代の文化と動物」『季刊考古学第11号』雄山閣出版　１９８５年

沖縄県教育委員会『伊江島阿良貝塚発掘調査報告書』沖縄県教育委員会　１９８３年

沖縄県農林水産部『沖縄県農林水産行政史　第５巻』農林統計協会　１９８６年

沖縄県農林水産部『沖縄県農林水産行政史　第12巻』農林統計協会　１９８２年

社団法人沖縄県肉用牛生産供給公社『かがやけ肉用牛』南山舎　２００５年

金城須美子「史料にみる産物と食生活」『新沖縄文学54』沖縄タイムス　１９８２年

新城明久『沖縄の在来家畜　その伝来と生活史』ボーダーインク　２０１０年

公益社団法人中央畜産会『和牛 Japanese Beef ［日本語版］』２０１４年

津田恒之『牛と日本人』東北大学出版会　２００１年

財団法人日本食肉消費総合センター『食肉がわかる本』1998年
名護市博物館『プーミチャーウガーミ　屋部のウシヤキ』名護市博物館　1989年
長浜幸男『平良市和牛改良の到達点と今後の課題』1978年
饒平名浩太郎『沖縄農民史』1970年
前花哲雄『八重山の畜産風土記』沖縄県厚生事業協会　沖縄コロニー　1976年
マーク・シャッカー　野口深雪訳『ステーキ　世界一の牛肉を探す旅』中公文庫　2015年
みかなぎりか『極上を味わう!!　和牛道』扶桑社文庫　2008年
森浩一『海から知る考古学入門―古代人との対話』角川Ｏｎｅテーマ21　2004年
吉村昭『味を追う旅』河出文庫　2013年
琉球政府経済局畜産課『琉球の畜産』琉球政府　1964年

平川　宗隆（ひらかわ・むねたか）

博士（学術）・獣医師・調理師・旅食人《がちまいたびんちゅ》。
昭和 20 年 8 月 23 日生まれ。
昭和 44 年日本獣医畜産大学獣医学科卒業。
平成 6 年琉球大学大学院法学研究科修士課程修了。
平成 20 年鹿児島大学大学院連合農学研究科後期博士課程修了。
昭和 44 年琉球政府厚生局採用、昭和 47 年国際協力事業団・青年海外協力隊員としてインド国へ派遣（2 年間）。
昭和 49 年帰国後、沖縄県農林水産部畜産課、県立農業大学校、動物愛護センター所長、中央食肉衛生検査所々長等を歴任し、平成 18 年 3 月に定年退職。
現在は公益社団法人沖縄県獣医師会会長、㈱サン食品 参与。

〈著書〉
『沖縄トイレ世替わり』ボーダーインク　2000 年
『今日もあまはいくまはい』ボーダーインク 2001 年
『沖縄の山羊〈ヒージャー〉文化誌』ボーダーインク　2003 年
『山羊の出番だ』（編著）沖縄山羊文化振興会　2004 年
『豚国・おきなわ』那覇出版社　2005 年
『沖縄でなぜヤギが愛されるのか』ボーダーインク　2009 年
『Dr. 平川の沖縄・アジア麺喰い紀行』楽園計画　2013 年

ステーキに恋して　沖縄のウシと牛肉の文化誌
2015 年 3 月 31 日　初版第一刷発行

著　者　平川宗隆
発行者　宮城正勝
発行所　（有）ボーダーインク
〒 902-0076　沖縄県那覇市与儀 226-3
tel.098（835）2777、fax.098（835）2840
印刷所　東洋企画印刷
ISBN978-4-89982-274-5